环保涂料 光催化技术

绿色环保功能涂料

崔玉民 陶栋梁 殷榕灿 编著

中国书籍出版社
China Book Press

HONORABLE

图书在版编目（CIP）数据

绿色环保功能涂料/崔玉民，陶栋梁，殷榕灿编著

—北京：中国书籍出版社，2018.12

ISBN 978 - 7 - 5068 - 7117 - 4

Ⅰ.①绿… Ⅱ.①崔… ②陶… ③殷… Ⅲ.①涂料—

无污染技术 Ⅳ.①TQ630

中国版本图书馆 CIP 数据核字（2018）第 268206 号

绿色环保功能涂料

崔玉民　陶栋梁　殷榕灿　编著

责任编辑	李雯璐
责任印制	孙马飞　马　芝
封面设计	中联华文
出版发行	中国书籍出版社
地　址	北京市丰台区三路居路97号（邮编：100073）
电　话	（010）52257143（总编室）　　（010）52257140（发行部）
电子邮箱	eo@ chinabp. com. cn
经　销	全国新华书店
印　刷	三河市华东印刷有限公司
开　本	710 毫米×1000 毫米　1/16
字　数	186 千字
印　张	15
版　次	2019 年 1 月第 1 版　2019 年 1 月第 1 次印刷
书　号	ISBN 978 - 7 - 5068 - 7117 - 4
定　价	68.00 元

前　言

　　涂料是一种新型的高分子材料,具有均匀附着在基板材料表面而形成坚固无开裂的膜的特性。涂料被广泛运用到装饰、防护等领域,甚至作为军事上的一种重要材料被用于遮蔽红外线等,以免目标被发现。据记载,早在2000多年前,我国就有涂料的雏形出现,早期被称为油漆,用桐油调制。到了20世纪,科学技术的不断发展与工业的兴起,高分子材料以及有机溶剂的大规模工业化生产,给油漆的发展提供了莫大的空间,直到这时,才正式有了"涂料"这个名称。传统涂料使用有机物作为溶剂,在加工和生产过程中会释放出挥发性有机物(VOC),进而给环境带来污染。这些VOC还可能在有其他污染物存在的情况下,通过太阳光作用形成光化学烟雾,对人类健康及环境产生影响。甲醛是VOC的一种,具有特殊的气味。甲醛可以与蛋白质结合,对蛋白质造成不可逆的伤害,因此对人体具有强烈的刺激,长期生活在甲醛过量的环境中会产生如头痛、失眠、记忆力下降等危害,严重的还可能导致染色体突变,危害下一代。随着人们对生活环境要求的日益增高,环保涂料已经成为一个重要的问题。国家也发布了一些关于室内装修甲醛含量的标准,对环保涂料提出了更高的性能要求。通过对涂料里有害物质的研究,以抑制污染物排放挥发

1

为手段而开发出来的环保涂料不断问世。这样的环保涂料产品具有无污染、使用无危险等特点,替代传统有机溶剂涂料,已经成为环保涂料的主要发展趋势之一。

本书第 1 章阐述了环保功能涂料发展现状,第 2 章主要阐述光催化环保功能涂料,第 3 章着重阐述水性涂料,第 4 章讲述粉末涂料,第 5 章讲述功能涂料,第 6 章讲述绿色环保功能涂料发展过程及趋势。

本书是编著者根据多年从事环保涂料、光催化技术科研和教学经验,参考国内外该领域的众多科研论文及图书资料编写而成的。本书既具有较高的理论参考价值,又具有较为广泛的应用价值;它既可提供科研部门相关专业的科研人员作为学术研究参考,也可供高等院校相关专业的本科生和研究生作为教学用书或参考书。

由于编著者的学识水平所限,书中难免有错误或不当之处,还望读者给予批评指正![本著作得到 2016 年度、2017 年度阜阳市政府-阜阳师范学院横向合作科研项目(XDHX2016017,XDHX2016004,XDHX201737,XDHXPT201702),安徽省高校自然科学研究重点项目(KJ2018A0340),安徽省教学研究重大项目(2017jyxm0279),阜阳师范学院后续研究项目(2018HXXM08),环境污染物降解与监测安徽省重点实验室建设经费共同资助]

编著者:崔玉民,陶栋梁,殷榕灿

2018 年 4 月于阜阳师范学院

目 录
CONTENTS

第1章

绪　论

众所周知,由于传统涂料对环境与人体健康有影响,所以现在人们都在想办法开发绿色涂料。所谓"绿色涂料",是指节能、低污染的水性涂料、粉末涂料、高固体含量涂料(或称无溶剂涂料)和辐射固化涂料等。20世纪70年代以前,几乎所有涂料都是溶剂型的。70年代以来,由于溶剂的昂贵价格和降低VOC(挥发性有机化合物)排放量的要求日益严格,越来越多的低有机溶剂含量和不含有机溶剂的涂料得到了大发展。随着人类对自身健康和环保意识的不断增强,人们对绿色环保涂料的消费需求也日趋强烈。为此,国家发布了《室内装饰装修材料有害物质限量国家标准实施指南》等10项强制性国家标准,市场上停止销售不符合该标准的产品。其中一项就是GB 18582—2001《室内装饰装修材料 内墙涂料中有害物质限量》,其技术要求包括:挥发性有机化合物(VOC)≤200g/L;游离甲醛≤0.1g/kg;重金属:可溶性铅≤90mg/kg、可溶性镉≤75mg/kg、可溶性铬≤60mg/kg、可溶性汞≤60mg/kg等。这些强制性标准的出台无疑将推进绿色环保涂料成为涂料工业开发主流,同时绿色环保涂料将成为涂料生产企业实施可持续发展战略重要内容之一。时下,人们越来越多地使用绿色涂料,下面介绍几种目前开发较好的新型环保涂料[1]。

§1.1　高固含量溶剂型涂料

传统溶剂型涂料为了满足其生产和应用的要求,使用了大量的有机溶剂,涂料成膜后,起码有 50% 以上的有机溶剂挥发到大气中,有的甚至超过了 80% 的溶剂含量,不仅浪费了大量的资源,而且造成了环境污染。更严重的是有机溶剂在日光和氧气的作用下会发生化学反应,生成的臭氧在较低浓度下,就会对人体产生不利影响。降低涂料 VOC 排放的一个重要途径就是开发"绿色"环保型涂料,如粉末涂料、水性涂料、高固体分涂料、UV 固化和电子束固化涂料等。高固含量溶剂型涂料是为了适应日益严格的环境保护要求从普通溶剂型涂料基础上发展起来的,其主要特点是在可利用原有的生产方法、涂料工艺的前提下,降低有机溶剂用量,从而提高固体组分。这类涂料是 20 世纪 80 年代初以来以美国为中心开发的。通常的低固含量溶剂型涂料固体含量为 30%～50%,而高固含量溶剂型(HSSC)要求固体达到 65%～85%,从而满足日益严格的 VOC 限制。在配方过程中,利用一些不在 VOC 之列的溶剂作为稀释剂是一种对严格的 VOC 限制的变通,如丙酮等。很少量的丙酮即能显著地降低黏度,但由于丙酮挥发太快,会造成潜在的火灾和爆炸的危险,需要加以严格控制[2]。

§1.2　水基涂料

水有别于绝大多数有机溶剂的特点在于其无毒无臭和不燃,将水引进到涂料中,不仅可以降低涂料的成本和施工中由于有机溶剂存在而导致的火灾,也大大降低了 VOC。因此,水基涂料从其开始出现起就得到了长足的进步和发展。中国环境标志认证委员会颁布了 HJ 2537—2014《环境标志产品技术要求 水性涂料》,其中规定:产品中的挥发性有机物含量应小于 250g/L;产品生产过程中,不得人为添加含有重金属的化合物,重金属总含量应小于 500mg/kg(以铅计);产品生产过程中不得人为添加甲醛和聚合物,含量应小于 500mg/kg。事实上,现在水基涂料使用量已占所有涂料的一半左右。水基涂料主要有水溶性、水分散性和乳胶性三种类型。作为理想的绿色涂料,它在性能方面具备干燥速度快、附着力强、韧性高、粘结力好、防锈等优点[3]。广泛适用于家庭装修的各个空间。

§1.3 粉末涂料

粉末涂料是一种新型的不含溶剂 100% 固体粉末状涂料。具有无溶剂、无污染、可回收、环保、节省能源和资源、减轻劳动强度和涂膜机械强度高等特点。粉末涂料是与一般涂料完全不同的形态,它是以微细粉末的状态存在的。由于不使用溶剂,所以称为粉末涂料。粉末涂料的主要特点有[4]无害、高效率、节省资源和环保。粉末涂料有两大类:热塑性粉末涂料和热固性粉末涂料。热塑性粉末涂料是由热塑性树脂、颜料、填料、增塑剂和稳定剂等成分组成的。热塑性粉末涂料包括聚乙烯、聚丙烯、聚酯、聚氯乙烯、氯化聚醚、聚酰胺系、纤维素系、聚酯系。热固性粉末涂料是由热固性树脂、固化剂、颜料、填料和助剂等组成。热固性粉末涂料包括环氧树脂系、聚酯系、丙烯酸树脂系。缺点:边角上粉不均一、固化后涂膜缺陷难掩盖、固化条件高。粉末涂料产品是不含毒性、不含溶剂和不含挥发有毒性的物质,故无中毒、无火灾、无"三废"的排放等公害的问题,完全符合国家环保法的要求;原材料利用率高,一些知名品牌的粉末供应商生产的粉末,其过喷的粉末可回收利用,最高的利用率甚至能达99%以上;被涂物前处理后,一次性施工,无须底涂,即可得到足够厚度的涂膜,易实现自动化操作,生产效率高,可降低成本;涂层致密、附着力、抗冲击强度和韧性均好,边角覆盖率高,具有优良的耐化学药品腐蚀性能和电气绝缘性能;粉末涂料存贮、运输安全和方便。

§1.4　液体无溶剂涂料

不含有机溶剂的液体无溶剂涂料有双液型、能量束固化型等。液体无溶剂涂料的最新发展动向是开发单液型,且可用普通刷漆、喷漆工艺施工的液体无溶剂涂料。无溶剂环氧防腐蚀涂料主要分为两类[5,6]:一类是以采用中高相对分子质量的固体环氧树脂制成的固态粉末状的粉末涂料;另一类是用反应性活性稀释剂替代溶剂的液态无溶剂环氧涂料。前者的生产、施工和固化与常规溶剂型涂料不同,无溶剂环氧防腐蚀涂料主要是指后者,其理论固体含量达100%,常温固化检测值接近100%,采用GB/T1725测得固体含量也在95%以上。无溶剂液态环氧树脂涂料是一种不含挥发性有机溶剂的环保型涂料。施工时可采用喷涂、刷涂或辊涂。由于不含溶剂,避免了溶剂挥发而造成的火灾危险、溶剂中毒以及污染环境大气的危害,同时也避免了因溶剂挥发而造成的漆膜弊端。实现液态无溶剂环氧防腐蚀的途径是采用反应性活性稀释剂代替挥发性有机溶剂。活性稀释剂具有环氧基,能参与环氧树脂的固化反应,同时还起着降低涂料黏度的作用。由于活性稀释剂参与反应而避免了溶剂的挥发实现涂料的无溶剂化。用于环氧树脂涂料的活性稀释剂主要有单缩水、双缩水和三缩水几类。

无论从环保还是从安全考虑,发展环保型环氧防腐蚀涂料应是时代发展的要求。高固体分环氧防腐蚀涂料只是一种过渡环保产品。随着无溶剂环氧防腐蚀涂料技术的日益完善,必将逐步取代高固体分环氧防腐蚀涂料。因此无溶剂型环氧防腐蚀涂料和水性环氧防腐蚀涂料应是具有实际意义的环保安全型产品。从目前这两大类涂料存在的问题看,无溶剂型环氧涂料除施工不方便外,其他性能均比水性环氧涂料要好一些。涂料的研究和发展方向越来越明确,就是寻求 VOC 不断降低直至为零的涂料,而且其使用范围要尽可能宽、使用性能优越、设备投资适当等。因而水基涂料、粉末涂料、无溶剂涂料等可能成为将来涂料发展的主要方向。

绿色环保建筑涂料的可持续发展。根据我国建筑业规划和政策,十三五期间我国建筑涂料的应用将不再仅仅体现在简单的装饰防护上,而是会更加凸显出功能性,因此,建筑涂料的发展也需打破现有格局,提升自身品质以顺应时代发展潮流。因此,涂料企业若要开拓建筑涂料在绿色建筑中的应用,应当从以下方面对建筑涂料进行提升。一是需要提高建筑涂料性能,建筑涂料的环保性已经成为市场发展的重要需求。二是应实现建筑涂料功能多样化,建筑节能成为建筑业发展的主要趋势,这就要求建筑涂料具备保温隔热功能,此外,随着消费者越来越关注建筑材料的安全性能,建筑涂料防火功能成为市场需求。三是需实现建筑涂料装饰艺术化,随着人们生活水平的提高,消费者追求时尚、个性、多样的装修风格,从而对建筑涂料的装饰性能提出了更高的要求。四是还需降低建筑涂料 VOC 的排放量。低碳环保风席卷全球,建筑涂料低 VOC 是发展的主流[7,8]。

从企业的角度理解建筑涂料的可持续发展应该是,使建筑涂料的生产—分配—流通—消费—生产这一循环能够周而复始地进行下去。为了实现这一点,就要求有可持续的生产、优化公平的分配、顺畅快捷的流通和文明的消费,并且要有持续的要素投入。但实现这一循环的必要条件是其所生产的产品是绿色和环保的,因为只有对环境友好的涂料产品,才能具有旺盛的生命力,才能使企业实现可持续发展。因此,开发"绿色环保涂料"是21世纪涂料企业生存发展的前提,具有非常重要的意义,具体表现在以下方面[9,10]。

减少环境污染,给子孙后代留下一个洁净的空间。目前,大量使用的建筑涂料仍是一个重要的污染释放源,因为,涂料在生产和使用过程中的污染排放不仅会对大气和环境造成破坏,同时,还直接影响着人们的身体健康。任何企业的市场营销活动都是以消费者需求为中心的,随着环境污染的日益严重,环保意识在人们心目中的地位逐步提高,人们在选择商品时把环境指标当作是一个非常重要的因素加以考虑。对涂料产品而言,工厂生产出来的只能算半成品,与其实现最终用途的装饰保护作用的形态之间还存在一个使用过程评价这一特殊的互动环节。因此,涂料生产企业必须迎合消费者的这种购买心理,努力生产"绿色环保涂料",满足消费者的需求,这样,企业才能最终赢得消费者,提高企业的知名度,在市场竞争中处于优势。

抵制绿色贸易壁垒的影响,促进产品的出口创汇。随着国际上环境保护意识的增强,对国际贸易提出了新的机遇和挑战,各国政府为了实现环保目标以及为了鼓励出口,限制进口,增大国际贸易顺差,采取了多种贸易限制措施。如征收环境进口附加税、环境费,推行国际环保标准等等。这对我国产品的出口创汇将产生深远的影响。因此"绿色贸易壁垒"已成为我国贸易领域难以摆脱的障碍。因此,我们的涂料企业必须更多地生产"绿色环保涂料",盯住国际标准,紧跟世界潮流,为我国外贸出口开拓更多、更广阔的绿色市场,实行"绿色市场营销",努力克服绿色贸易保护障碍,争取更多的外汇。值得注意的是,生产绿色环保涂料产品已为许多企业带来了丰厚的利润,特别是一些拥有先进的涂料生产技术、资金雄厚的大企业,已在这方面走在了前面。生产绿色环保涂料要求企业在技术和设备上的投入,对任何一个企业来说都是一笔不小的费用。因此,从某种意义上来说,激烈的市场竞争已有意无意地利用了绿色技术来淘汰一部分落后原始的小企业和正待建设的小企业,这是市场经济的法则,是企业的可持续发展的必修课[11,12]。

尽管人们对绿色环保涂料的呼声越来越高,企业也日益认识到要采取主动,积极适应这一发展趋势。但如何行动,或者说如何做到既满足环保要求,又不致增加过高的投资,保证企业的利润和良性发展仍是一个值得研究的课题。由于真正意义上的绿色环保涂料是从事制造、使用、废弃整个过程,都与生态环境相协调,那么绿色环保涂料的设计就不能局限于"末端治理"型的狭义的环境保护,检验产品是否绿色环保也不仅仅是控制涂料的 VOC 那么简单和单纯,而是在产品的整个生命周期中都贯彻环保意识,实现生命周期成本总和最小化。

因此,生产绿色环保涂料应该是采用清洁生产工艺、使用可回收利用的包装以及绿色营销手段等。

生产绿色环保涂料除了要具有以上的工艺和技术外,还与企业的经营管理、政府的政策法规、产品的技术创新、教育培训以及公众参与和监督有着紧密的联系。因为企业的经营管理是生产绿色环保涂料的体现主体,政府的政策法规是生产绿色环保涂料的调控手段,产品的技术创新是生产绿色环保涂料的强大推动力,教育培训和公众参与是生产绿色环保涂料的保障。因此,要确保企业有动力和能力以平和销售绿色环保涂料产品,还要求政府、行业协会、企业自身、公众等各方采取相应的措施,如宏观上,国家要健全各种规章制度,利用经济手段限制污染产品的生产,鼓励绿色环保涂料产品的开发。建立良好的信息传递机制,促进企业之间的协调竞争。可以通过发展科技咨询中介和服务中介。解决企业在研发绿色产品过程中的信息短缺问题。同时,从博弈论的角度看,建立企业间的协调的竞争秩序,在竞争中合作,合作中竞争,可以避免在目前绿色产品和技术尚不完善的前提下,产生低水平重复和资源的浪费,实现企业间的双赢[13]。

实行环境标志,公布权威的认证机构,引导消费者购买"绿色涂料产品"。

环境标志通过标志图形、说明标签等形式向消费者指出标志产品与非标志产品行为的判别及标志产品对环境保护的作用;公布权威的认证机构是为了在源头上杜绝假冒"绿色涂料产品"之名坑害消费者的产品在市场上流通。加大科技创新,努力研发绿色涂料产品和绿色技术。目前市场上之所以还有那么多污染的产品在生产和应用,其主要原因是我们的科技水平有限,开发"绿色涂料产品"会导致成本的大幅度提高,所以,必须大力提高科技创新水平。建筑涂料的可持续发展是全面贯彻实施可持续发展战略的一个组成部分,是建筑涂料的发展方向。正确理解和认识绿色环保涂料与可持续发展之间的关系和相互促进机制,对提高我国的涂料生产水平和人们的生活质量有着重要的意义[14]。

参考文献

[1]朱俊.环保涂料优势凸显撬动居室家装市场绿动未来[J].环球聚氨酯,2016(11):76-82.

[2]关惠生.助推环保涂料新突破——"金王"牌采暖散热器用环氧聚酯型粉末涂料通过住建部科技成果评估[J].中国建筑金属结构,2012

(9):25－26.

[3]徐锐.聚合物纳米水分散体及塑料环保涂料获基金立项[J].中国粉体工业,2011(2):55－55.

[4]刘永庆.甲壳质－低碳环保涂料印花黏合[J].网印工业,2011(2):39－41.

[5]龙斌.我国独创的天然长效防腐涂料在陕西研发成功[J].化工新型材,2010(12):74－75.

[6]刘道春.绿色环保涂料的种类与趋势[J].住宅科技,2011(8):47.

[7]廖文波,魏争,蓝仁华.绿色环保涂料的发展方向[J].广东化工,2009(1):52－55.

[8]司琼,董发勤.电磁屏蔽涂料:生态涂料新贵[J].新材料产业,2010(12):53－55.

[9]张强,朱海龙,程虹.绿色环保涂料的特性与应用[J].化工技术与开发,2015,44(12):32－34.

[10]阿地里江.绿色涂料的现状与发展趋势[J].企业导报,2011(14):100－101.

[11]介江斌,刘艳华.乳胶漆中VOC含量与室内健康[J].中国涂料,2004,22(1):22－34.

[12]王贤明,王华进,胡静,等.环保型防火涂料发展现状[J].涂料工业,2002(12):48－49.

[13]肖新颜,夏正斌,陈焕钦,等.环境友好涂料的研究新进展[J].化工学报,2003,54(4):531－537.

[14]王福才.水性涂料在重卡驾驶室涂装工艺中的应用与对策[J].涂料技术与文摘,2014,35(5):25－31.

第2章

光催化环保功能涂料

TiO$_2$是一种重要的光催化材料,具有很多优良的性能,如无毒、具有较强的着色力和遮盖力,以及具有很好的耐候性等。因此,TiO$_2$在工业中,包括涂料等的各个领域中,都得到了非常广泛的应用。与此同时,充分利用 TiO$_2$ 表面所具有的优良的光催化性能[1]的涂料已经得到了很好的应用,自从 TiO$_2$ 作为一种被广泛关注的光催化材料后,在日本进行了比较深入的研究,其中包括两个方面,一是着重于提高 TiO$_2$ 在光催化中各个波长的光的利用效率以及其他新颖性能的发掘等,二是在环保等实际应用方面进行了进一步的研究。目前,利用二氧化钛光催化剂所制成的涂料制品,已经被应用于环保涂膜的各个领域。进入 21 世纪之后,光催化涂料的年销售总额在日本更是高达 700 亿日元,具有极大的经济效益。与之相比,我国的光催化材料还处于起步阶段,发展到现在还未满10 年时间。2010 年初,我国发布了四个初级的国家标准,同时,其他相关水平标准的制定也才被纳入议程。到 2009 年各种光催化材料应用产品按照市场销售总量排序,第一位是空气净化材料,约占总体的 70%,自清洁功能材料占 20%,杀菌及净化水材料占 10%。日本主要是应用于功能环保涂料,约占 58%,这说明我们国家在光催化涂料研究方面有着很大的市场。目前,我国产业内中小企业居多,研发不足,大多是代理国外的产品。由于缺少完备的市场监管体系,很多企业的产品未经国家权威机构的检测即进入市场销售,产品质量参差不齐[2]。

具有光催化自洁性能的涂料具有很大的发展空间。研究表明,在二氧化钛晶体中,锐钛矿型 TiO_2 具有最好的性能,可以吸收 388nm 处的紫外光。但是即使如此,对太阳光谱的利用率仍然很低,大概只占 5%。可以看出,其在室内自然光中的催化效率很低[3]。但是自洁功能涂膜在实际应用中,主要是利用可见光,因此利用掺杂改性的方法提高 TiO_2 光催化剂对可见光的利用率成为研究热点。目前,在增大吸收光波长方面的研究很多,其主要采用掺杂修饰或者研制新型高效光催化材料,使光催化自洁性能的涂料表面具有更好的性能,本项目将采用本课题组研制的光催化材料如 ZnO[4]、$CN/ZnO/Fe_2O_3$[5]、$Bi_{0.5}Na_{0.5}TiO_3$[6]、Mn/CdS[7]、Bi_2O_3/Co_3O_4[8]、$SiC/CdLa_2S_4$[9,10]等含 T、W、Bi、Zn 等新型光催化功能材料,可以发现其表面缺陷,使其对吸收能量的要求变小,从而对可见光的吸收能力增强,增强其光催化降解污染物的活性。我们课题组的《含 Bi、W、Ti 等光催化材料研制及其在降解污染物领域中应用》成果于 2015 度获得安徽省科学技术三等奖,该成果科学价值:采用水热法等简便合成路线制备新型高效光催化剂,以亚甲基蓝等为光催化反应模型化合物,详细表征氧分子和有机污染物在催化剂表面的吸附行为和化学状态,研究 O_2 和催化剂对光生电子－空穴对的分离及界面迁移、催化剂表面羟基和超氧负离子自由基等活性物种的形成、污染物光催化降解的中间体及反应产物分布等影响,阐明氧分子存在下复合催化剂光催化氧化降解污染物反应机理模型。通过适量掺杂及修饰催化剂提高复合催化剂比表面积及拓宽其光谱响应范围,从而提高光催化效率。这对丰富光催化理论、促进光催化技术应用具有很高的理论价值和实际意义。将含 T、W、Bi、Zn 等新型光催化功能材料应用于保温仿石涂料中,研发健康环保保温仿石涂料。

将健康环保保温仿石涂料涂于墙壁上,可以对空气进行一定程度的净化,从而起到杀菌消毒等作用,适合于一些卫生以及公共场合,如医院或电影院等。此外还可以抑制病菌,防止传染病,比如在医院中应用基于 TiO_2 粉末的除菌化器,具有明显的杀菌效果,这是单纯的紫外线消毒所无法达到的[11-13];自清洁处理可以用于净化一些使用过的器具,如医疗手术用品等,达到杀菌、消毒的作用,还可以在电力系统中防止污闪(flashover),此外还可以涂于不易清理或者不需要动用太多人力物力清理的公共设施上,或者涂在玻璃表面[12,13]。

§2.1 光催化环保功能涂料原理

2.1.1 TiO_2 光催化反应机理

(1)一种辐射光照射光催化剂的反应机理

目前,国内外研究最多的光催化剂是金属氧化物及硫化物,其中, TiO_2 具有较大的禁带宽度($Eq=3.2eV$),氧化还原电位高,光催化反应驱动力大,光催化活性高。可使一些吸热的化学反应在被光辐射的 TiO_2 表面得到实现和加速,加之 TiO_2 无毒、成本低,所以 TiO_2 的光催化研究最为活跃。半导体光催化反应机理如图 2-1 所示[14](TiO_2 为例)。

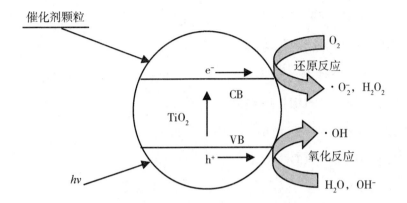

图 2 - 1　TiO_2 光催化降解污染物的反应示意图

当能量大于或等于半导体带隙能的光波（hv）辐射 TiO_2 时，TiO_2 价带（VB）上的电子吸收光能（hv）后被激发到导带（CB）上，使导带上产生激发态电子（e^-），而在价带（VB）上产生带正电荷的空穴（h^+）。e^- 与吸附在 TiO_2 颗粒表面上的 O_2 发生还原反应，生成 $\cdot O_2^-$，$\cdot O_2^-$ 与 H^+ 进一步反应生成 H_2O_2，而 h^+ 与 H_2O、OH^- 发生氧化反应生成高活性的 $\cdot OH$，H_2O_2、$\cdot OH$ 把吸附在 TiO_2 表面上的有机污染物（简称为 R）降解为 CO_2、H_2O 等，把无机污染物（简称为 B）氧化或还原为无害物（简称为 B^+）。

目前，大多数光催化反应历程属于一种辐射光照射光催化剂表面进行氧化还原过程。其具体反应历程如下[15]：

$$S \cdot C \xrightarrow{hv} e^- + h^+$$

$$h^+ + H_2O \longrightarrow H^+ + OH$$

$$e^- + O_2 \longrightarrow \cdot O_2^-$$

$$\cdot O_2^- + H^+ \longrightarrow HO_2^-$$

$$2 \cdot O_2^- + H_2O \longrightarrow O_2 + HO_2^- + OH^-$$

$$HO_2^- + h^+ \longrightarrow HO_2 \cdot$$

$$OH^- + h^+ \longrightarrow \cdot OH$$

$$2HO_2 \cdot \longrightarrow O_2 + H_2O_2$$

$$HO_2 + e^- + H^+ \longrightarrow H_2O_2$$

$$H_2O_2 + e^- \longrightarrow OH^- + OH$$

$$H_2O_2 + O_2^- \longrightarrow O_2 + OH^- + OH$$

$$R + OH \longrightarrow \cdots \longrightarrow CO_2 + H_2O + N_2 + \cdots\cdots$$

$$B + H_2O_2 \longrightarrow B^+ + \cdots\cdots$$

$$e^- + h^+ \longrightarrow \cdots \longrightarrow \triangledown$$

（2）紫外光与微波的协同作用机理[16]

（A）催化剂对纳米微波功率的吸收

氧化物半导体材料（如 TiO_2）具有多孔性大的比表面，与常规的晶态材料相比，由于其小尺寸颗粒和庞大的体积百分比的界面特性，界面原子排列和键的组态的无规则性较大，使得 TiO_2 基光催化剂中存在大量的缺陷。一旦施加微波场时，物质发生弛豫过程（包括偶极子弛豫），其介电常数发生改变，导致介质损耗。而偶极子弛豫对介电常数的贡献 $\Delta\varepsilon$ 为[17]

$$\Delta\varepsilon = \varepsilon_s - \varepsilon_\infty = \frac{N\mu^2}{3kT}$$

式中：ε_s 为静态介电常数；ε_∞ 为高频介电常数；N 为缺陷浓度；μ 为偶极矩；k 为玻尔兹曼常数；T 为绝对温度。

由偶极子极化引起的复介电常数 $\varepsilon^*(\omega) = \dot{\varepsilon}(\omega) - i\ddot{\varepsilon}(\omega)$ 与电位移 $D(\omega)$ 的关系满足：

$$D(\omega) = \varepsilon^*(\omega)E(\omega) = [\dot{\varepsilon}(\omega) - i\ddot{\varepsilon}(\omega)]E(\omega)$$

$$\dot{\varepsilon}(\omega) = \varepsilon_x + (\varepsilon_s - \varepsilon_\infty)/(1 + \omega^2\tau^2)$$

$$\ddot{\varepsilon}(\omega) = (\varepsilon_s - \varepsilon_\infty)\omega\tau/(1 + \omega^2\tau^2) = \Delta\varepsilon\omega\tau(1 + \omega^2\tau^2)$$

式中：E 为电场强度；ω 为外电场角频率；τ 为晶格缺陷的偶极弛豫时间。因此，缺陷浓度 N 越高，偶极子对介电常数的贡献越大，引起的介电损失就越大。

单位体积物质对微波功率的吸收功率 P 为[18]

$$P = (\varepsilon_r E^2 \cdot \mathrm{tg}\delta)\omega, \mathrm{tg}\delta = \ddot{\varepsilon}/\dot{\varepsilon}$$

式中：ε_r 为相对介电常数，因此物质吸收微波的能力与介电损失直接相关，缺陷浓度越高，吸收功率 P 就越大。SO_4^{2-}/TiO_2 微波谱的 99% 以上的吸收，证明了纳米催化剂中多缺陷的性质，并且反映出其缺陷浓度大于 TiO_2 催化剂，这与活性表征结果 SO_4^{2-}/TiO_2 催化剂的催化活性比 TiO_2 催化剂提高一倍是一致的。

（B）微波的协同作用提高了催化剂对紫外光的吸收

从半导体表面的多相光催化机理和半导体能带理论分析，光催化反应的总量子效率与下列过程有关：①光致电子－空穴对的产生率；②光致电子－空穴对的复合率；③被捕获的电子和空穴的重新结合与界面间电荷转移的竞争。显然，光致电子－空穴对的产生率的增加，电子－空穴对的复合率的减小，电子向界面转移速度的增加，都将导致光催化过程总量子效率的提高。根据能带理论，二氧化钛的带－带跃迁属于间接跃迁过程，价带电子不仅要吸收光子，同时还要吸收或发射声子（或其他第三方粒子或准粒子）以满足带－带跃迁的动量守恒。考虑二氧化钛 Eg 附近的光吸收，其总的吸收系数为[19]

$$\alpha(\omega) = \alpha_a(\omega) + \alpha_d(\omega) \tag{2-1}$$

$$\alpha_a(\omega) = c_1(hv - E_g + k\theta)^2 N_\theta \tag{2-2}$$

$$\alpha_d(\omega) = c_1(hv - E_g - k\theta)^2 (N_\theta + 1) \tag{2-3}$$

$$N_\theta = 1/(e^{k\theta/kT} - 1) \tag{2-4}$$

式中：$\alpha_a(\omega)$ 为吸收声子的吸收系数；$\alpha_d(\omega)$ 为发射声子的吸收系数；$\omega = 2\pi v$；hv 为光子能量；k 为玻尔兹曼常数；T 为绝对温度；k 为声子的能量；c_1 为常数；N_θ 为声子数。

由式（2-1）~式（2-4）可以明显看出，伴有吸收或发射声子的非直接跃迁吸收系数与声子能量、温度有密切关系，总的吸收系数随能量的降低、系统温度的升高而增大。对微波场中的光催化氧化反应，由于反应过程中多缺陷催化剂对微波的高吸收，一方面，导致与微波发生局域共振耦合的缺陷部位温度升高，使 N_θ 增大；另一方面，微波场对催化剂的极化作用使得声子与缺陷产生强烈的散射，降低了声子能量，从而使催化剂总的吸收系数增大。图2-2是在微波场作用下的时间分辨紫外-可见吸收光谱，在 $250 \sim 400\text{nm}$ 光谱范围，在微波场作用下的 TiO_2 催化剂的漫反射吸收系数 $F(R)$ 随时间缓慢地增强；随着微波场的关闭，催化剂的漫反射吸收系数 $F(R)$ 又随时间缓慢地减小。理论分析与吸收系数的动力学光谱数据的一致较好地说明了微波场存在的确提高了催化剂对紫外光的吸收。但是，由于光催化剂是多缺陷、大比表面积的复杂体系，活性的提高是多方面因素的综合作用结果。而微波场的极化作用给催化剂带来的缺陷也是电子或空穴的捕获中心，从而进一步降低了电子-空穴对的复合率，提高了光催化剂的光催化氧化性能。由于 SO_4^{2-}/TiO_2 系列催化剂的缺陷浓度大于 TiO_2 系列催化剂的缺陷浓度，且 SO_4^{2-}/TiO_2 催化剂在微波场中的吸收系数 $F(R)$ 的变化规律与 TiO_2 催化剂类似，微波的极化作用更强，因此在微波和紫外光的协同作用下，催化剂的活性提高更加明显。

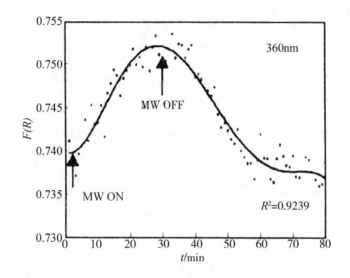

图2-2 TiO$_2$催化剂的时间分辨紫外-可见吸收光谱

（3）光敏剂协助光催化反应机理

常见光敏剂为水溶性、可变价态的金属卟啉类配合物，即 Co(Ⅱ)Py/Co(Ⅲ)Py，其作用机理如图2-3所示。

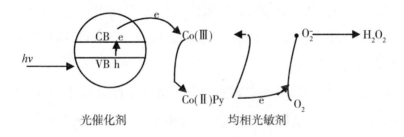

图2-3 光敏剂协助光催化反应原理

首先被吸附在光催化剂表面的光敏剂 Co(Ⅲ)Py 从 TiO$_2$ 表面获取电子生成 Co(Ⅱ)Py，这时候，由于 TiO$_2$ 电子发生转移，实现光生电子与光生空穴的分离，从而提高了固定相光催化剂 TiO$_2$ 的活性；O$_2$ 将把 Co(Ⅱ)Py 氧化为 Co(Ⅲ)Py，生成 O$_2^-$，再进一步生成 H$_2$O$_2$，H$_2$O$_2$ 要么生成高活性的·OH,要么直接将有毒污染物氧化降解,所生成的·OH 具有更高的活性来降解污染物。另外,金属卟啉配合物能充分吸收可见光产生荧光,而荧光的波长较短,被吸附的金属卟啉配合物将荧光直接传递给光催化剂 TiO_2,这样进一步提高了 TiO_2 对可见光的吸收范围。其次,如果新合成的金属卟啉配合物具有双光子效应,即吸收一个光子,释放出两个光子,这样又进一步提高 TiO_2 吸收光子的概率,也就提高光催化活性。由此来看,光敏剂协助光催化降解污染物将赋予更加优越的光催化活性、创新性及使用性。

(4)双掺杂 TiO_2 改性原理

李宗宝等[20]为提高 TiO_2 晶体的光催化性能,采用基于密度泛函理论的平面波超软赝势方法,研究了 S 和 Co 分别单掺杂和双掺杂锐钛矿 TiO_2 的晶体结构、电子结构和光学性质。研究结果表明:原子替位掺杂后体系晶格畸变较小;禁带中杂质能级的出现使 TiO_2 光吸收带边发生了明显红移,且在可见光区的吸收效率显著增加,大大提高了光催化效率。与单掺杂比较发现,(S,Co)双掺杂红移现象更加明显,且在可见光区均有吸收,为较好的掺杂改性方式。该成果对实验合成性能较佳的 TiO_2 具有较好的指导意义。

基于第一性原理平面波超软赝势方法研究表明:①原子的替位掺杂,使得晶格参数、键长以及原子的电荷量发生变化,有利于光生电子 - 空穴对的分离。②双掺杂较单掺杂在可见光区的吸收范围更广,在整个可见光区均有吸收且在蓝光区的吸收效率是单掺杂的 2 倍。③双掺杂吸收光谱的红移及吸收效率的增加,主要是由于掺杂离子在导带底及价带顶均出现杂质能级,且通过双掺杂离子的协同作用使得杂质能级发生分离而更靠近价带顶及导带底,增加了电子的跃迁概率。理论计算证明,(S,Co)双掺杂在提高 TiO_2 光吸收效率及光催化性能方面具有较好的应用前景。

(5)非金属掺杂 TiO_2 反应机理

目前,常见非金属掺杂 TiO_2 有 N、S、C、F、I 等非金属元素。

(A)氮掺杂 TiO_2 反应机理

Asahi 等[21]对 C、N、F、P、S 等元素掺杂的锐钛矿型 TiO_2 晶体的电子结构和相应轨道的分态密度(partial density of states,PDOSs)进行理论计算,结果表明,N 取代最有效,只有 N 掺杂提供的 N2p 杂质态足够靠近 TiO_2 价带中 O2p 的上边沿,N2p 轨道与 O2p 轨道之间发生杂化,引起了 TiO_2 的带隙能降低。光生电子不再是由 O2p 跃迁至 Ti3d,而是由 N2p 跃迁至 Ti3d,从而造成了掺杂 TiO_2 材料吸收边沿的红移。

Asahi 等将利用杂质原子掺杂改性获取 TiO_2 可见光光催化剂需要满足的条件归结为三点:①掺杂能够在材料带隙中形成可以吸收可见光的杂质态;②掺杂后 TiO_2 材料的导带最小值,包括随之产生的杂质态,应当与 TiO_2 本身的导带能级相当或高于光解水的还原能级 H_2/H_2O,以保证掺杂后催化剂的光还原活性;③带隙中的杂质态应当与 TiO_2 的能带态充分重叠(杂化),以保证光生载流子在其生命周期内传输至光催化剂的表面活性位。

Lindgren 等[22]通过磁控溅射法合成具有可见光活性的 N 掺杂 TiO_2,认为该可见光活性源于位于靠近价带顶的带隙中的 N2p。Tachikawa 等[23]研究指出局域在价带之上的 N2p 杂质态是 $TiO_{2-x}N_x$ 可见光活性的来源。最近的研究表明[24-26],N 掺杂的 TiO_2 表面的光催化反应是通过表面媒介物质,并非直接通过 N2p 局域态的空穴来完成的。

非金属 N 元素掺杂进入 TiO_2 后,有效地拓展了 TiO_2 的光吸收范围,实现了 TiO_2 的可见光响应,对大气中的有害气体和污水中的有机污染物都具有明显的可见光催化活性。但是 N 掺杂 TiO_2 可见光响应的机理却一直没有得到共识。Tachikawa 等[23]把 N 掺杂过程生成的 NO_x 归结为 TiO_2 可见光响应的原因;Asahi 等[27]认为氮的掺杂形成了 N 的 2p 态和 O 的 2p 态的混合态,生成 Ti—N 键,使得 TiO_2 的带隙变窄,是 TiO_2 具有可见光活性的原因;Choi 等[28]研究认为 TiO_2 晶格间隙中的 N 原子(链接 H 原子)为可见光光催化的关键;Irie 等[29]认为氮取代了 TiO_2 晶格中的部分氧原子,在价带上方形成了一个独立的 N2p 能带,这个窄的 N2p 能带对可见光的敏化产生响应。Ihara 等[30]则认为 N 原子取代 O 原子后生成的氧空位是可见光响应的根源,掺杂的 N 起到一个阻碍氧空位被氧化的作用。总之,目前 N 掺杂 TiO_2 在紫外光区和可见光区的光催化活性已得到很好的证明,但其作用机理还存在争议,这与无法准确确定掺杂的氮的化学态有直接的关系。

(B)S 掺杂 TiO_2 光催化反应机理

虽然在 Asahi 等[31]的理论计算研究中发现 S^{2-} 的掺杂有和 N 掺杂同样的效应,即 S 掺杂与 N 掺杂一样,提供的 S_{3p} 杂质态足够靠近 TiO_2 的价带顶,可以与 O_{2p} 发生杂化;但由于 S^{2-} 离子半径较大(0.170nm),被认为难以对 O^{2-}(0.140nm)发生取代。但后来的实验研究证明 S^{2-} 是可以替代 O^{2-} 实现掺杂的。

Umebayashi 等[32,33]采用氧化退火 TiS_2 的方法成功制备出了阴离子 S 掺杂的 TiO_2($TiO_{2-x}S_x$)。XPS 分析表明部分残留的 S 占据了 TiO_2 中的晶格 O 位,形成 Ti—S 键,S 掺杂使得 TiO_2 的吸收边向可见光方向移动。并应用第一性原理计算分析 S 掺杂 TiO_2 的能带结构,得出 S_{3p} 态与价带(O_{2p} 态)混合导致 TiO_2 价带向上变宽,从而使禁带宽度变窄的结论。

对于 S 掺杂 TiO_2 的研究发现,S 不仅可以以阴离子形式进行 O 位取代掺杂,还可以以阳离子形式进行 Ti 位取代掺杂。Ohno 等[35-36]报道了阳离子 S 掺杂的锐钛矿 TiO_2,其可见光吸收显著提高,相比于阴离子 N,S 替位取代 O 掺杂的可见光吸收都好;XPS 分析表明 S 的存在形式是 S^{6+},可能取代 TiO_2 晶格的 Ti^{4+},也可能只是填隙取代,吸收带边的红移源自晶格的本位变形。Zhou 等通过机械化学方法合成了阳离子 S 掺杂的 TiO_2,进入 TiO_2 晶格的 S 的氧化态被确定为 S^{4+} 和 S^{6+};与荧光发射光谱的对比研究表明,阳离子 S 掺杂有利于电子 – 空穴对的分离。

(C)碳掺杂 TO_2 光催化反应机理

为了研究 C 掺杂 TiO_2 体系的光催化性能,李青坤等[37]采用第一性原理方法,分析不同晶体生长环境下,C 掺杂金红石 TiO_2 体系中将出现何种缺陷,并依据该缺陷稳定性分析结果,分析各种生长条件下最稳定缺陷结构的光催化性能。二氧化钛金红石结构理想晶体的空间群结构为 P42/mnm,在每个基本晶胞内包含 6 个原子。为了分析掺入粒子在材料中的何种位置出现,以及材料中的本征缺陷是否出现,在他们的计算中使用 2 2 2 和 3 2 2 两种基本晶胞的超晶胞设置来计算所含有掺杂粒子或者空位缺陷的能量与光催化性能。对于第一性原理计算的基本设置,采用缀加平面波(PAW)方法出来材料中原子间的相互作用,并使用广义梯度近似法进行电子结构与能量的计算。计算软件选用 VASP 软件包。对于各元素的势能函数设定,分别对 Ti、O、C 设定 4d3,5s1、2s2,2p4、2s2,2p2 为外层价电子,其他电子与核子一起视为原子核部分。设置原子驰像过程的最小能量为 10.5eV。对于计算中使用的 K 点的选择,在对材料进行结构优化时,选用 3 3 2 的 Monkhost – Pack 设置。在材料的性能计算中,使用 6 6 4 的 K 点设置。为了分析不同何种缺陷占位形式是 C 掺杂 TiO_2 中最稳定的缺陷结构结构形式,需要通过理论计算各种缺陷占位形式的形成能来判断缺陷的出现规律。本书中使用基于形成能计算的第一性原理缺陷分析方法[38,39],分析材料中缺陷的稳定性变化规律,如下式所示：

$$\Omega f(\alpha,q) = E(\alpha,q) - \Sigma i n_i \mu_i$$

式中：$E(\alpha,q)$ 为含有缺陷的超晶胞的自由能；μ_i 为对应 C 掺杂 TiO_2 不同组分的原子的化学势，这里分别为 Ti、O、C 原子的化学势；n_i 为对应含有缺陷的超晶胞中的 μ_i 对应的数量。对于 C 掺杂 TiO_2 体系，材料中的各种元素的形成能依赖于公式中化学势的设定。他们采用极限的化学势设定来模拟氧化和还原条件下晶体中的化学势状态。对于 C 掺杂 TiO_2 晶体中的化学势，参照文献[38]在 ZnO 中化学势的设定方式，设置在氧化条件下生长的 C 掺杂 TiO_2 的化学势为 $\mu_{Ti} + 2\mu_O \leqslant \mu_{TiO2(bulk,calc)} = -9.41eV$、$\mu_C + 2\mu_O \leqslant \mu_{CO_2(bulk,calc)} = -4.02eV$ 以及 $\mu_O = 0$；对于还原状态下的化学势设置，设定 $\mu_{Ti} + 2\mu_O \leqslant \mu_{TiO_2(bulk,calc)} = -9.41eV$、$\mu_C + 2\mu_O \leqslant \mu_{CO_2(bulk,calc)} = -4.02eV$ 及 $\mu_C = 0$。以此为基础进行全部的缺陷稳定性与光催化性能的计算与分析。

（D）P 掺杂 TiO_2 光催化反应机理

关于 P 掺杂光催化反应机理，有报道认为由于 P^{3-} 的离子半径（0.21nm）较 O^{2-} 的离子半径（0.14nm）要大得多，所以替位掺杂晶格 O 的可能性很小，P 掺杂比较可能的形式是阳离子掺杂。Lin 等[40]采用溶胶 - 凝胶法成功合成了具有可见光活性的 P 掺杂 TiO_2，XPS 光谱得到了一个结合能位于 133.2eV 的正五价 P 的峰，P^{5+} 的掺杂使 TiO_2 带隙变窄，吸收带边发生红移。Shi[41]等研究结果表明，P^{5+} 掺杂 TiO_2 纳米粉末比纯 TiO_2 具有更强的可见光吸收，位于禁带中的杂质能级是引起可见光活性的直接原因。相反，Yu 等[42]曾报道 PO_4^{3-} 形式 P 掺杂 TiO_2 的带隙比未掺杂 TiO_2 的要大，吸收带边发生蓝移。

（E）氟掺杂的作用机理探索

从 F 掺杂的 TiO_2 溶胶的 FTIR 图谱（图2-4）我们发现：在 900～700cm^{-1} 段有一宽的吸收峰，并在 889cm^{-1} 有一小峰，通常这一吸收峰可以归属于 Ti—F 键的产生；我们还发现 F1s 高分辨 XPS 图谱中，在 688.5eV 处有吸收峰，说明有 Ti—F 结合态的氟存在。除此之外，他们还发现 F 掺杂 TiO_2 溶胶粒子的表面酸度增大，对反应物分子的吸附增强。关于氟掺杂的作用机理，Minero[43]认为在 TiO_2 中掺入氟，有利于羟基自由基(·OH)的形成，对于起初的光催化反应而言，·OH 是重要的活性基团；氟原子掺杂提高了 TiO_2 溶胶中锐钛矿型粒子的含量，从而可以增加光催化活性。他们认为可以从光生载流子的生成和转移来解释 F 掺杂机理，图2-5 所示是 F-TiO_2 的光生载流子转移示意图，氟掺入 TiO_2 后进入晶格并取代氧，产生氧空缺，氧空缺产生中的电荷的不平衡由 Ti 离子价态的降低来补偿，产生少量的 Ti^{3+}，Ti^{3+} 在 TiO_2 的带隙间形成一浅势施主能级[44]，在紫外光的激发下，光生电子在 Ti^{3+} 的浅势施主能级聚集，而光生空穴在 TiO_2 的价带聚集，在 Ti^{3+} 浅势施主能级聚集的电子可以转移给在 TiO_2 表面吸附的 O_2，形成高活性的氧负离子自由基 $2O_2^-$，从而抑制光生电子 e^- 和空穴 h^+ 的复合，提高量子化产率，空穴与 TiO_2 的表面羟基($\equiv TiOH$)结合，形成强氧化性的羟基自由基(·OH)和 $\equiv TiOH·$，导致新的活性点的形成，从而使得催化剂的光催化活性得到提高。

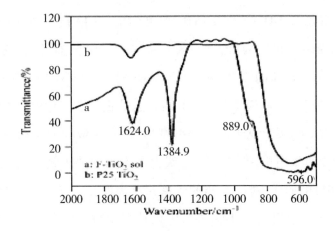

图 2-4　F-TiO₂ 和 P25TiO₂ FTIR 谱图

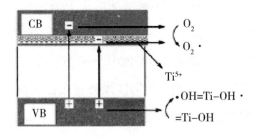

图 2-5　F-TiO₂ 的光生载流子转移示意图

（F）碘掺杂 TiO_2 光催化反应机理

掺杂后的 TiO_2 在紫外光和可见光下都表现出了显著的光催化活性，认为可能的原因是 Ti^{3+} 和表面氧空位的存在能有效抑制电子空穴对的复合等，但是对 I 掺杂引起的结构转变没有具体的研究，也没有表征氧空位的存在。拉曼光谱作为结构研究的重要手段，能从微观角度考察晶体的晶格单元内各原子的应用以及排列变化情况，对于考察晶体晶型的转换过程有微观可变的优越性，拉曼光谱还是研究 TiO_2 近表面结构最有效的工具之一,因此在探测晶粒的产生及生长和半导体材料表面氧空位的检测方面独具优势。张宁等[45]采用 FI – Raman 光谱来研究碘掺杂后的引起的晶格结构变化情况,通过分析不同焙烧温度、不同的碘掺杂量的拉曼光谱的特征峰的强度、最强峰的位移和峰宽的变化推断出其粒径大小、相变温度、晶相结构以及粒子表面氧空位等性质。

(G)W 掺杂 TiO_2 复合光催化涂料反应机理

光催化剂的活性由多种因素决定。其中包括对不同波长的光吸收能力以及电荷的分离速率,还有载流子的转移效率这几点。外界杂质进入半导体,电子可以围绕这些杂质原子运动,进而形成量子态。W 中含有 6 个成键电子,在 W 取代晶格中原有的 Ti 之后,会有 4 个电子成键,因此会多余 2 个成键电子。其中,杂质形成正电中心,并且可以束缚电子。导致电子在杂质的周围运动,从而形成一个量子态。然而,杂质对电子的束缚力不强,电离能也不大,所以其很容易产生跃迁,并且需要的能量不是很大。通过以上分析,可以看出杂质能级的存在是 WO_x/TiO_2 复合材料不仅在紫外光下,同时在可见光下具有吸收的主要原因之一。载流子的运动有快有慢,这种差异主要是由半导体的迁移率决定的。在同一种材料中,载流子的迁移率还要受到其他因素的影响,如掺杂其他粒子等。并且其迁移率随着掺杂不同而变化。W 有 6 个价电子,当其掺杂进 TiO_2 时,使其导带附近的电子增多,从而填进能带的电子也随之增加,导致迁移率提高[46],如图 2 – 6 所示。

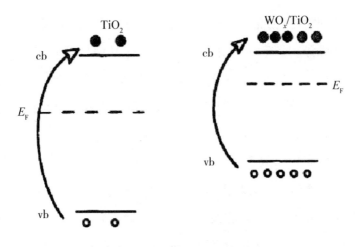

图 2 - 6　光照射前后能级示意图

§2.2　光催化材料在环保涂料领域中的应用

一般抗菌剂都有杀菌作用,但不能分解毒素,而二氧化钛利用生成的活性氧杀菌,并且能使细菌死后产生的内毒素分解[47]。1997 年初,东京大学的藤岛昭教授等用试验证明,TiO_2 具有分解病原菌和毒素的作用[48]。在玻璃板上涂一薄层 TiO_2,光照射 3h 后达到了杀灭大肠杆菌的效果,4h 后毒素的含量控制在 5% 以下。研究证明 TiO_2 对绿脓杆菌、大肠杆菌、金黄色葡萄球菌等具有很强的杀菌能力。将 TiO_2 抗菌防污涂料用于医院手术室的手术台及墙壁,施工后空气中的浮游细菌明显减少。活性氧不仅能杀死细菌,而且能分解各种物质(主要是有机物),因此纳米 TiO_2 广泛应用于自洁陶瓷、玻璃以及厨房和医院设施中,一些高速公路两侧的护墙上也涂有纳米 TiO_2,以消除汽车尾气的影响。早在 1999 年,日本仙台建成了一个面积 800m² 的涂有纳米 TiO_2 的帐篷,其可以起到防污、灭菌、净化空气的作用。目前正在研究利用这种性质将二氧化钛光催化剂用于分解香烟污垢、海上泄漏的原油及换气扇附着的油脂等。随着现代工业的迅猛发展,环境污染问题日趋严重,特别是氮氧化物(NO_x)及硫氧化物(SO_x)对大气的污染,已成为亟待解决的城市环保问题之一。近年来许多研究表明,光催化技术在环境污染物治理方面有着良好的应用前景。邱星林等[49]的研究表明,用纳米二氧化钛光催化氧化技术制成的环境净化涂料对空气中 NO_x 净化效果良好,在太阳光下降解率高达97%,同时还可降解大气中的其他污染物,如卤代烃、硫化物、醛类、多环芳烃等。经研究,TiO_2 光催化剂在紫外光照射下产生活性氧,可将 NO_x、SO_2 氧化,并可配合雨水的作用将其去除[50]。实验结果表明,可有效去除浓度在 $(0.01 \sim 10) \times 10^{-6}$ 范围内的大气污染性物质,此浓度相当于在普通大气环境中或隧道内的浓度。纳米 TiO_2 光催化剂的氧化作用曾被认为是无选择性的,所以要求成膜物质具有很高的耐紫外性,尤其是制作膜片状催化剂时常用耐候性最好的聚钛酸酯类作为成膜物质。现在这种认识已被证明是不正确的,北京化大天瑞纳米材料生产的纳米 TiO_2 用于丙烯酸酯系建筑乳胶涂料中,不仅在微光下具有光抗菌杀菌功能或空气净化功能,而且不降低涂料的耐老化性能,其耐老化性能可达1500h。

2.2.1 纳米 TiO_2 的紫外屏蔽效应及应用

纳米 TiO_2 的小尺寸效应、量子效应和诱导效应可使光吸收带蓝移,产生较强的紫外吸收。实验证明 $30 \sim 40nm$ 的 TiO_2 粒子对各种光的吸收带具有宽化和蓝移的现象,因此纳米 TiO_2 具有很好的紫外线屏蔽作用,也是一种防老化材料,可将其均匀分散到涂料中制成紫外线屏蔽涂层和抗老化涂层[51]。P. Stamatakis 认为屏蔽 $300 \sim 400nm$ 紫外线的球状 TiO_2

最佳的颗粒尺寸是 50～120nm。纳米 TiO_2 衰减长波紫外线时散射起主要作用，衰减短波紫外线时吸收起主要作用[52]。纳米 TiO_2 晶体的光学性质服从瑞利光散射理论，能透过可见光并散射波长更短的紫外光；同时它既能散射又能吸收紫外线，因此屏蔽紫外线的能力很强[53]。研究证明纳米 TiO_2 可以显著增强丙烯酸树脂的紫外线屏蔽性[54]。张梅等[55]认为含有 0.5%～4.0%纳米 TiO_2 的透明涂料可使木器不被紫外线损害。纳米 TiO_2 作为一种良好的永久性紫外线吸收材料还可用于配制耐久型外用透明面漆，用于木器、家具、文物保护等领域。

2.2.2　纳米 TiO_2 的随角异色效应及应用

纳米 TiO_2 是一种重要的新型无机效应颜料，具有透明性、紫外线吸收性。金红石型的纳米 TiO_2 具有随角异色效应，即从不同的角度去观察，涂层具有不同的颜色。图 2-7 所示为纳米 TiO_2 产生的随角异色效应示意图[56]。一般认为，产生这种随角异色效应的原因是：纳米 TiO_2 一方面具有透明的性质，可以让可见光透过；另一方面又对可见光有一定程度的遮盖，因而透射光在铝粉表面反射与纳米 TiO_2 粒子表面反射就产生了不同的视觉效果。

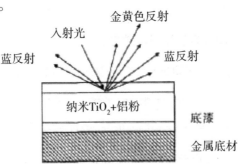

图 2-7　粉体 TiO_2 呈现的各种现象

28

纳米 TiO_2 添加在轿车用的金属闪光面漆中,能使传统流行的各色汽车面漆大增光彩,深受汽车配色专家的偏爱。这种配色技术首先由美国 Dnmont 公司(现被 BASF 公司兼并)于 1985 年开发成功,1987 年应用于轿车工业。1991 年世界上已有 11 种含有纳米 TiO_2 的金属闪光轿车面漆。在漆料体系中,纳米 TiO_2 与铝粉颜料之比为 1:1 或 2:1,其含量可达 1%~2%,涂料的最高颜基比为 1:5,颜料总含量小于 35%,基料可为油性也可为水性。在国外,著名的福特、丰田、马自达等汽车生产商均使用了含有超细颗粒 TiO_2 的金属闪光漆。德国 Wolf Ruediger Karl 等[57]发明了一种含纳米 TiO_2 的涂料,该涂料组合物含有 0.5%~30.0% 的颜料(包括金属闪光颜料或类似金属粉的颜料),55.0%~98.5% 固体基料和 0.3%~15% 粒径为 5~40nm 的超微 TiO_2,所得涂层具有较高的全反射性和颜色色度及贮存稳定性,可用作摩托车装饰漆、装饰涂料、色漆。在国内,牛健[58]采用多种纳米金属粉体材料,在引进国外先进纳米金属汽车面漆制作技术的基础上,成功研制出新一代高级纳米金属汽车面漆,充分发挥了纳米 TiO_2 的随角异色效应,提高了汽车的装饰效果,该涂层不仅具有随角异色效应,而且具有良好的紫外线屏蔽作用和抗老化性能,以及良好的附着力和抗酸碱性能。

2.2.3 W 掺杂 TiO_2 复合光催化涂料[59]

具有光催化自洁性能的涂料具有很大的发展空间。研究表明,在二氧化钛晶体中,锐钛矿型 TiO_2 具有最好的性能,可以吸收 388nm 处的紫外光。但是即使如此,对太阳光谱的利用率仍然很低,大概只占有 5%。可以看出,其在室内自然光中的催化效率很低[60]。但是自洁功能涂膜在实际应用中,主要是利用可见光,因此利用掺杂改性的方法提高 TiO_2 光催化剂对可见光的利用率成为研究热点。目前,在增大吸收光波长方面的研究很多,其主要采用金属离子掺杂,使其表面具有更好的性能,如银(Ⅰ)[61]、铁(Ⅲ)[62]、铜(Ⅱ)[63]、铬(Ⅲ)、钒(Ⅴ)对二氧化钛的掺杂改性。通过总结 WO_x/TiO_2 薄膜表的催化现象,可以发现其表面缺陷,因此使其对吸收能量的要求变小,从而对可见光的吸收能力增强[64]。

(1)光催化涂料在空气净化中应用

将涂料涂于墙壁上,可以对空气进行一定程度的净化,从而起到杀菌消毒等作用,适合于一些卫生以及公共场合,如医院或电影院等。此外还可以抑制病菌,防止传染病,比如在医院中应用基于 TiO_2 粉末的除菌化器,具有明显的杀菌效果,这是单纯的紫外线消毒所无法达到的[65-67]。

纳米 TiO_2 作为空气净化材料可有效地降解室内居室装饰产生的氨气、甲醛、苯类化合物等有害气体,它通过光催化作用将吸附于表面的这些物质分解氧化,从而使空气中这类有害物质的浓度降低,净化室内空气,减轻或消除因这些有害气体引起的不适。徐瑞芬[68]报道研究了纳米 TiO_2 光催化剂复合涂料降解氨气、甲醛和苯类化合物及抗菌防霉的性能,结果表明,该涂料对甲醛、氨气和苯类化合物的降解效率均可达到90%以上,对多种有害细菌具有杀菌彻底性和长效性;耿启金[69]报道了利用高速分散技术制备纳米 TiO_2 改性多功能建筑涂料,并对其性能进行测试,结果表明,该涂料对低浓度气态污染物氨和甲醛具有较高的降解率,且降解为无害的小分子物质;刘永屏[70]报道了利用纳米 TiO_2 改性内墙生态涂料,不仅提高了涂料原有的性能,并且具有优异的净化空气、杀菌抑菌等功能,也能对居室装饰带来的有害气体污染起到改善作用。

(2)光催化涂料在自清洁处理中应用

光催化涂料可以用于净化一些使用过的器具,如医疗手术用品等,从而达到杀菌、消毒的作用,还可以在电力系统中防止污闪,此外还可以涂于不易清理或者不需要动用太多人力物力清理的公共设施上,或者涂在玻璃表面[66,67]。

（3）光催化涂料在医疗中应用

光催化涂料除了可以用于杀菌消毒、清洁医疗器具之外,有些研究还表明,二氧化钛粉末在可以控制的条件下,还能抑制和杀死癌细胞。TiO_2粉末同时具有亲水性和亲油性,可以用于清理血管,防止血栓的瘀积[65-67]。

（4）光催化涂料在抗菌、防霉涂料中应用

防霉涂料一直使用于外墙和浴室,1996年夏季日本出现病原性大肠菌O157引起死亡的病例,使用新抗菌剂的抗菌性涂料的开发如雨后春笋。银离子沸石用作抗菌剂的效果极佳。银离子沸石主要是通过对细菌的磷脂质起作用发挥抗菌效果,二氧化钛则是利用生成的活性氧杀菌,并且能使细菌死亡后产生的内毒素分解。

病原性大肠菌O157死灭时产生别洛毒素,看来二氧化钛也能分解这种毒素。日本市场上已有抗菌瓷砖出售。这种瓷砖是在上釉后喷涂含二氧化钛粉末的液体(分散液),在800℃以上焙烧,形成厚1nm以下的二氧化钛膜而制成的。此二氧化钛膜即使用海绵刷也不会擦掉,对大肠菌、MRSA(耐新青霉素Ⅱ金黄色葡萄球菌)、绿脓杆菌等均有良好抗菌效果。

抗菌涂料是可以有效杀死霉菌和其他细菌的功能性涂料。这种杀菌涂料中具有较强杀菌作用的杀菌剂,杀菌剂与涂料中各种成分有机结合以实现长期有效杀菌。抗菌剂可以选择天然抗菌剂、有机抗菌剂和无机抗菌剂。天然抗菌剂安全、无毒、方便,但稳定性差、寿命短,使用范围狭窄,使得其在使用中有很大的限制。有机抗菌剂的使用效果好,合成制备较简单,品种多,范围广,但容易产生抗药性,并导致对人体产生毒副作用,因而它的使用具有局限性。无机抗菌剂在各方面的性能都优于前两者,因此在工业生产中得到了大量使用。实验证明,无机抗菌剂中的金属离子从抗菌剂中溶出,可以使生物体中的蛋白质产生变性,从而简单地实现抗菌的效果。

(5)光催化涂料在完全净化涂料中应用

目前,NO_x已成为城市特别是大都市大气环境中一个主要污染因子,严重影响城市居民的生存环境,对NO_x的治理令人关注。研究人员发现利用离子交换型 Cu 离子/ZSM-5 沸石催化剂可将 NO_x 直接转化为 N_2 + O_2。这种催化剂可在 673~773K 温度范围内将 NO_x 分解成 N_2 + O_2,但反应温度偏高。若将离子交换型 Cu(II)/ZSM-5 沸石催化剂还原成 Cu(I)/ZSM-5 沸石催化剂,用紫外光进行辐射,在 275K 低温下,可将 NO 转化成 N_2 + O_2,同时,紫外辐射时间与 NO→$1/2N_2$ + $1/2O_2$正向反应的转化率之间有较好的线性关系,而且该分解反应有良好的化学计量关系(N_2:O_2 = 1:1)作为副产物的 N_2O 和 NO_2 可忽略不计。而对固定在 ZSM-5 沸石上的 Ag(I)离子进行紫外辐射,由于 Ag(I)离子电子状态与 Cu(I)相似,它也可在 275K 时将 NO 直接光催化分解成 N_2、O_2 和 N_2O,而且 Ag(I)/ZSM-5 沸石的催化活性是 Cu(I)/ZSM-5 的 20 倍,而且即使在 O_2 或 H_2O 或两者并存时,它也能进行催化作用,因此,这种催化剂在环境保护领域的应用更广。

(6)光催化涂料在恶臭的去除和杀菌中应用

前述有些反应中利用较弱的室内光作为辐射光源也可进行光催化反应,利用室内光作为辐射光源,用涂抹在墙壁和窗户格子上的二氧化钛薄膜作为光催化剂,有可能通过光催化来分解那些产生恶臭的化合物和细菌。这种方法已开始应用在建筑材料上,这些建筑材料可用室内光作为光源在日常生活区内使用,在一般条件下,进行去污、防菌和除臭。

（7）光催化涂料在温室气体 CO_2 的水合固定中应用

地球温暖化已世人瞩目,如何减少温室气体 CO_2 已迫在眉睫, CO_2 固定技术也成为环境保护领域一个研究热点,而应用下列四个反应,可使利用 H_2O 对 CO_2 进行固定成为可能:

$$CO_2(g) + 2H_2O(l) \longrightarrow HCOOH(aq) + 1/2O_2(g) \qquad \Delta G = 1.428eV$$

$$CO_2(g) + H_2O(l) \longrightarrow HCHO(aq) + O_2(g) \qquad \Delta G = 1.350eV$$

$$CO_2(g) + 2H_2O(l) \longrightarrow CH_3OH(aq) + 3/2O_2(g) \qquad \Delta G = 1.119eV$$

$$CO_2(g) + 2H_2O(l) \longrightarrow CH_4(aq) + 2O_2(g) \qquad \Delta G = 1.037eV$$

上述四个反应均为贮能反应,热力学上非常困难。但在研究中,已有不少研究人员发现,通过不同类型的光催化剂可使 CO_2 和 H_2O 反应生成 HCOOH、HCHO、CH_3OH、CH_4,从而达到减少 CO_2 的目的。

在室温下,将二氧化钛涂抹在建筑物外墙或内墙或房顶上,在太阳光或人造光照射下,CO_2 和 H_2O 反应只能生成少量的 CH_4,反应效率较低,而利用化学气相沉积法（CVD）或离子交换法将高分散的二氧化钛固定在多孔玻璃或沸石上,以此为光催化剂进行 CO_2 和 $H_2O(g)$ 反应,可产生 CO、CH_3OH、CH_4 和其他一些碳氢化合物,同时在温度为 298～323K（25～50℃）区间内,产物产率与紫外辐射时间呈较好的线性关系。而利用溶胶－凝胶法从 $Ti(OBu)_4$ 和 $Si(OEr)_4$ 混合物中制备 Ti/Si 二元氧化物催化剂来进行"CO_2 和 $H_2O(g)$"光催化反应时,在 323K 时,可选择性高产率地生成 CH_4。

（8）光催化涂料在污水处理中应用

光催化涂料用于处理污水,这些污水可能来自生活或者工业等,农业中也会产生一些污水,如农药的释放等。近些年来,农业无土栽培发展较快。植物会抑制自身或者其他植物的生长,从而释放出一些激素类物质。使用二氧化钛粉末便可以清理这些物质[66,67]。

（A）在处理有机污染物废水领域中应用[71]

Tryba 等[72]研究了活性炭负载纳米 TiO_2 可用于对水中苯酚的去除，在此负载型纳米 TiO_2 是通过钛酸盐水解沉淀，之后在温度为 650 ~ 900℃，同时通氮气的情况下热处理 1h 制得的。在紫外光照射下测定活性炭负载纳米 TiO_2 对水中苯酚的去除率，虽然负载纳米 TiO_2 后活性炭的表面积比原始的表面积小，但是在紫外光照射下去除苯酚的效率并没有下降。Ngoc 等[73]将黄麻和椰壳纤维通过物理及化学活化制备成活性炭纤维，对所制得的活性炭纤维进行了模拟工业废水的吸附性测试，发现用磷酸活化纤维素纤维制造活性炭纤维似乎最为合适。Lee 等[74]研究了活性炭负载纳米 TiO_2 光催化降解水中的微囊藻毒素——LR，由活性炭对毒素进行吸附，不断迁移到负载在活性炭大孔附近的 TiO_2 颗粒表面，最终迅速地将其降解为无毒的产品和 CO_2，二者完美的结合使用表明了优越的协同作用，实验得出在活性炭表面负载量为 0.6% 的 TiO_2 对毒素的降解是最有效的。柳欢欢[75]研究了颗粒活性炭负载纳米 TiO_2 催化剂的制备及其对水中腐殖酸的光催化降解性能，得出了利用 TiO_2/AC 复合光催化剂可有效地去除饮用水中的腐殖酸，光催化复合材料还可用于环境中诸多领域有机污染物的去除，如微污染水源水的净化、室内空气污染物的去除等。崔丹丹等[76]采用竹活性炭作为载体，考察了纳米 TiO_2/竹活性炭复合光催化剂对水溶液中甲醛的去除效果，分别考察了预吸附时间、催化剂投加量、初始反应浓度等对去除效果的影响，得出最佳工艺条件下，复合光催化剂对甲醛的去除率可达 95.96%。张贤贤等[77]研究了纳米 TiO_2/颗粒活性炭光催化臭氧处理废水时对废水化学耗氧量（CODcr）和色度的去除效果，结果显示对废水的色度和 CODcr 去除率可达到 96.9% 和 54.4%。

研究表明，膜的比表面积越大，孔隙、孔体积越小，孔径分布越均匀，其催化活性越高。颜秀茹等[78]在多孔玻璃珠上镀膜处理 DDVP(敌敌畏)类有机磷农药废水;孙尚梅等[79]在玻璃短管上镀膜处理毛纺染整废水。以上研究中的镀膜载体为玻璃,所镀膜层存在不均匀、易脱落等缺陷,膜层中的粒子粒径为微米级,距离理想的镀膜效果还有一定差距。20世纪 90 年代后期研究水平发展到纳米级 TiO_2 固定膜的制备。研究结果表明,当 TiO_2 微粒尺寸由 30nm 降至 10nm 时,其光催化降解苯酚的活性提高了 45% 左右[80]。这是由于随着 TiO_2 晶粒粒径的减小,TiO_2 分立能级增大,吸收光强变短,空穴(h^+)表现出更强的氧化性,因此纳米 TiO_2 比普通 TiO_2 的光催化氧化效率大为提高。最近,曹亚安等[81]采用等离子体化学气相沉积法(PECVD)在玻璃片上沉积 TiO_2 – Sn 薄膜,研究了 Sn^{4+} 掺杂对 TiO_2 纳米颗粒膜光催化降解苯酚活性的影响。其结果表明 TiO_2 – Sn 薄膜比 TiO_2 薄膜的光催化活性高,其原因有以下几个方面:(1) TiO_2 – Sn 薄膜相对 TiO_2 薄膜有更大的比表面积,有利于光催化活性的提高;(2)由于 TiO_2 薄膜表面吸附 CO_2 含量高于 TiO_2 – Sn 薄膜,CO_2 可以和光催化剂表面的羟基与桥氧形成双齿结构的表面物种,使有利于光催化的表面活性物种的含量降低,从而降低了催化剂的光催化活性;(3)由于 Sn^{4+} 掺入,Sn^{4+} 定域态能级光生电子能直接传递给表面吸附 O_2,在固液界面发生 $O_2(g) + 2H^+ + 2e \rightarrow H_2O_2$;$H_2O_2 + e \rightarrow OH^- + HO\cdot$;$OH^- + h^+ \rightarrow HO\cdot$,生成的 $HO\cdot$ 进一步氧化有机物。Sn^{4+} 定域态能级的存在有利于价带产生更多的光生空穴和光生载流子的分离,与 TiO_2 相比,提高了可见光的利用率,使 TiO_2 – Sn 薄膜光催化活性高于 TiO_2。另外,Deki 等[82]对液相沉积法加以改进,他们在 $(NH_4)_2TiF_6$ 水溶液中加入 H_3BO_3 沉积 TiO_2 薄膜,经 XRD(X 射线衍射)分析表明,在室温下得到的是非晶 TiO_2。为了制得具有锐钛矿相结构的 TiO_2 薄膜,赵文宽等[83,84]在 $(NH_4)_2TiF_6$ 水溶液

中加入 H_3BO_3 控制沉积 TiO_2 薄膜的同时,加入锐钛矿型 TiO_2 纳米晶作结晶诱导剂,在 35～65℃下,直接在玻璃基质上获得透明的锐钛矿型 TiO_2 薄膜,此种固定膜光催化技术操作简单、膜的稳定性强、可避免催化剂分离回收难题、可连续性作业、废水处理量大,易实现工业化[85]。

Quan 等[86]研究了 TiO_2 纳米管阵列降解五氯苯酚的光电催化性能,结果表明,光电催化的协同效应非常明显。TiO_2 纳米管电极光电催化降解苯酚的动力学常数比 TiO_2 薄膜电极的高出 86.5%,两者在相同条件下 4h 内降解五氯苯酚,TiO_2 纳米管电极对 TOC 的去除率达到 70%,而 TiO_2 薄膜电极只有 50%。Zhang[87]研究了 TiO_2 纳米管阵列对甲基橙的光电催化和光催化降解性能,结果表明 TiO_2 纳米管阵列可作为提高甲基橙降解率的有效光电极。万斌等[88]以 TiO_2 纳米管阵列为光阳极,施加 0.45V 的外加偏压,在 125W 紫外光照射 4h 后,初始质量浓度为 10mg/L 的亚甲基蓝 COD(化学需氧量)降解率达到 93%。实验结果表明,亚甲基蓝的降解并不只是打破了它的环的降解,而是最终变成了 H_2O 和 CO_2 的完全降解,即几乎变成了无污染的无机物。

(B)在处理染料废水领域中应用

近 10 多年来,各国的环境科学工作者均以半导体为催化剂的光催化技术处理方法,对印染废水处理的可行性进行了大量研究。从研究结果和现状来看,该方法对单一染料和实际印染废水处理的效果已被公认。这主要是由于光催化氧化法具有很强的氧化能力,最终使有机污染物完全氧化分解。在光催化发展的最初阶段,以分散相 TiO_2 粒子悬浮在溶液中作为光催化剂,用光照射对有机物进行降解反应,这种体系称为悬浮体系。悬浮体系较为简单方便,而且由于半导体的比表面积与被分解物更充分接触,受光也较充分,一般光解效率较高。故在早期开发应用以及大量的实验室研究工作中均采用悬浮体系[89]。但是半导体催化剂的粉末极小,在水溶液中易于凝聚,须不停地搅拌,且难以分离回收。同时,悬浮粒子对光线的吸收阻挡影响光的辐射深度,这些缺点使得该体系难以成为一项使用技术。人们开始转向在机质上做成膜或以微粒状吸附于载体上的固定相催化剂的研究。此中固定膜光催化法操作简单,稳定性强,可避免催化剂分离回收的难题,可连续作业[90]。负载后的 TiO_2 虽然催化活性有所降低,但并不影响实际应用。当使用先进的负载技术和光化学反应器时,甚至会获得更高的催化效率。因此,光催化负载技术对实现工业化具有重大的实际意义。

为了说明光催化氧化法的优越性,蒋伟川等[91]将某纺织厂的生化池出水继续进行生物活性污泥的曝气处理,结果是出水的色度和 COD 与进水的基本一致。这说明生物酶已难以继续破坏剩余的小分子有机物和一些显色基团。对上述生化池出水进行光催化氧化处理,结果是光降解90min,脱色率达到 100%,光降解 120min,COD 的去除率达到 75.3%。因此,光催化氧化法具有生物处理所没有的有机物的降解能力。可见该法比较适合对印染废水进行深度处理[92]。此后的研究发现,TiO_2 悬浮液在可见光照射下,各种染料能很快被光催化降解,从而提供了一种新的处理染料废水的方法。这种方法能使有毒的有机物完全矿物化,生成二氧化碳和水。虽然染料的降解速度受许多工艺条件所影响,如溶液 pH、溶解氧、催化剂的浓度和光照强度等。但是在某一特定的工艺条件或特定的实验条件下,对于反应所需的溶解氧一般都可以满足要求,且催化剂浓度和光照强度也可以很容易地控制在某一稳定的范围内。因此其反应工艺一般只受废水 pH 变化的影响,并且较为严重,其他条件都可以在各种不同的工艺设计中给予足够的考虑。印染废水处理的各种方法,如化学沉淀、生物氧化等,遇到最大的难题之一就是印染厂排出的废水中染料组分是经常变化的,因此很难在实际管理操作中控制在一个最佳的处理条件上。实验以目前广泛使用的八种工业染料为例,这些染料包括了水溶性较强和水溶性较差的染料,用来评估 TiO_2 光催化氧化反应对各种不同染料的降解能力。根据 TiO_2 光催化氧化反应的原理,此种氧化工艺几乎能够很迅速地氧化分解所有的有机物,以太阳能为光源对印染废水进行深度处理,脱色效果较好。1985 年文学洙[93]首先报道了以 WO_3 为光催化剂处理印染废水的研究,其结果表明:当可见光照射到悬浮于水溶液中的半导体粉末时,染料分子被分解为 CO_2、H_2O、N_2 等,从而降低了 COD 和色度。2001 年笔者[94]为了提高印染废水的 COD 和色度的去除率,在基质 WO_3 中加入适量 CdS 及少量 W 粉,采用复相光催化剂 $WO_3/CdS/W$ 对印染废水进行了深度处理,实验结果表明,在优化工艺条件下,光照 10h,印染废水的 COD 和色度去除率分别达到 69.8% 与 71.0% ,取得较为满意的结果。沈学优等[92]则以自然光、氙灯为光源,以四氯化钛水解制得以 TiO_2 为催化剂光催化降解可溶性染料。该催化剂对于 250 ~ 740nm 的光有明显的吸收作用,有效吸收波长范围宽,提高了催化效率,且对分散大红、分散棕黄、分散黑等染料的脱色、COD 去除率均在 90% 以上,表明半导体光催化具有实际应用于有机废水处理的可能性。

Yuan 等[95]以环氧树脂作为连接二者的前驱体,在通氮气的环境下以不同的温度进行热处理制备出活性炭纤维负载纳米 TiO_2,并研究了其表面特征及对亚甲基蓝的降解率,结果显示负载纳米 TiO_2 后碳纤维的孔结构仍保持完好,焙烧的样品在 460℃下表现最佳的光催化活性,在使用 6 次后对亚甲基蓝的去除率仍高于新鲜的纯纳米 TiO_2 悬浮液。采用溶胶－凝胶法,Liu 等[96]在 100℃下使用微波辅助,成功将纳米 TiO_2 负载到活性炭表面,得到了催化活性比商业纯纳米 TiO_2 高得多的光催化剂,证明其具有广阔的应用前景。翟春阳等[97]使用微波辅助成功制得了易于固液分离的活性炭负载磁性光催化剂($TiO_2/Fe_3O_4/AC$),并且得出负载

22% Fe_3O_4 的光催化剂(含 20% TiO_2 和 58% AC)的光催化活性最强,对亚甲基蓝的降解率可达到 87%。王冬至等[98]以钛酸四丁酯 $Ti(OC_4H_9)_4$ 为原料,在普通玻璃基片上成功负载了纳米二氧化钛,制备出多孔纳米二氧化钛薄膜,解决了纳米二氧化钛在水溶液中难以回收的问题,对甲基橙溶液表现出很好的催化降解性,经测定 120min 内对甲基橙的降解率可达到 98%。计竹娃等[99]采用溶胶法,以乙醇为分散剂、尿素为沉淀剂、硫酸铵为添加剂制备了针状 $\alpha - Fe_2O_3$ 包覆的二氧化钛复合纳米颗粒,产率达到了 50% 以上,这种针状 $\alpha - Fe_2O_3$ 包覆的复合颗粒,可改善二氧化钛的表面性质,增加其表面积,从而提高催化效率。谢倩等[100]采用溶胶 – 凝胶法在颗粒活性炭表面负载合成纳米 TiO_2/AC 光催化剂降解亚甲基蓝溶液,并考察了不同制备条件、不同光源对光催化剂性能的影响,结果得出在紫外灯照射下对亚甲基蓝的降解率可达 68.3%,而且可重复使用,具有较高的循环利用价值。Addamo 等[101]采用溶胶 – 凝胶法在玻璃基体上形成了一层均匀的锐钛矿相型纳米 TiO_2,并且发现在紫外光照射的条件下,对降解聚丙醇有着很高的催化性能。项兆邦等[102]采用浸涂法制备了活性炭纤维负载的纳米 $La - S/TiO_2$ 光催化剂。结果表明,在大于 400nm 的可见光光照下,催化剂对苯酚溶液具有较强的降解能力。贾国正等[103]采用主波长为 254nm 的紫外灯作为光源,考察活性炭纤维负载纳米 TiO_2 光催化降解 40mg/L 苯酚溶液的效果,结果得出对苯酚的去除率可达 88.2%。员汝胜等[104]通过钛酸丁酯浸渍 – 水解法制备了活性炭纤维负载的锐钛矿型 TiO_2 薄膜,考察采用 365nm 的高压汞灯光催化降解亚甲基蓝的效果,结果表明,循环使用过程中,经 140min 光催化反应对亚甲基蓝的去除率始终维持在 99.8% ~ 99.9%,体现对亚甲基蓝的高光催化活性和重复利用性,并证明对亚甲基蓝的去除是被 TiO_2 降解而不是活性炭纤维吸附的作用[71]。

（9）在降解汽车尾气氮氧化物中应用

据国家统计局资料显示,我国汽车保有量呈快速增长趋势,2008年底,我国汽车保有量达5099.61万辆,2009年底,我国汽车保有量已达6200万辆,2011年我国汽车保有量已突破1亿大关。排放的尾气是造成大气污染的主要组成成分。调查显示,在中国的大雾天气中,汽油造成的污染占79%[105]。汽车尾气成分复杂,含多种化学物质,其中有害成分主要有碳烟微粒、氮氧化物、二氧化硫、碳氢化合物和一氧化碳。这些有害物质会威胁到人类的身体健康,引起中毒,引发呼吸疾病甚至可能会致癌[106]。为解决汽车数量急剧增加,汽车尾气排放量逐渐成为污染环境主要来源这一难题,世界各国都加快了对汽车尾气净化技术的研究工作。目前,大多数国家解决尾气污染的措施主要包括:尾气机内净化和尾气机外净化,这些措施有一定的效果,但在具体实施中存在一定的问题。行政手段也是采用比较多的方法。近年来,二氧化钛由于其自身的稳定性并不会给环境带来二次污染,成为环保领域的"新宠儿",被广泛应用于环保领域。乔晓军等[107]首先自行研发纳米二氧化钛环保涂料,设计了室内试验装置,能够在室内模拟各种市政基础设施上降解汽车尾气的环境。通过考虑光照条件、不同配合比、雨水冲刷等因素的影响,提出实际应用中的控制性因素。

（A）光照条件对涂料降解效能的影响分析

根据纳米二氧化钛环保涂料催化机理的研究,先分析各种光源对纳米级二氧化钛降解能效的影响。实验前选定各种光源:紫外灯选用20W的光照条件作为室内实验的基本控制标准之一,太阳光照条件选择在每天日照最强时间段13:00—14:00之间,无光选择在不开灯的实验室条件下进行。

在有紫外线的环境下,汽车尾气中有害气体 NO_x 会明显地下降,分别为 57.9% ,60.0% ;在无光照射情况下,汽车尾气中的有害气体浓度基本不变,NO_x 降解效能为 1.50% ,这可能是由于汽车尾气通入密闭容器后会与容器中的空气进行"融合",汽车尾气分析仪只能在固定的点进行测量,会导致测量数据有所浮动。汽车尾气中受到光催化降解作用较明显的有害气体 NO_x 作为评价指标。在三种不同光照条件下,NO_x 在光催化剂纳米 TiO_2 的作用下,其在前 40min 反应速度明显增快,浓度变化呈现非常明显的下降趋势。当其浓度降低到一定值后降解速率将变得缓慢,浓度变化幅度很小。这主要是由于 NO_x 在光催化剂的作用下氧化成 HNO_3 和 H_2O ,由于这是一个不可逆反应,在反应开始后,NO_x 被光催化剂迅速降解,浓度很快降低到一定值,如图 2-8 所示。

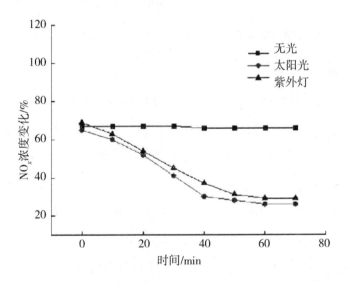

图 2-8 纳米二氧化钛环保涂料在不同光照射下对汽车尾气 NO_x 降解效果对比

(B)不同配合比涂料降解汽车尾气效能分析

从图 2-9 可以得到:随着纳米二氧化钛在涂料中质量比的增加,汽车尾气的降解效率会增加,当涂抹量增加到某一个点后,降解效率不会有太大的提高。以 NO_x 为例来做说明,在质量比为20%,40%,50%,60%的情况下,其降低效能分别为33.4%,36.2%,39.4%,42.1%。

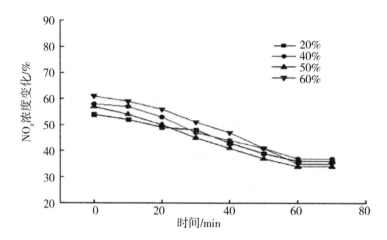

图2-9 纳米二氧化钛环保涂料在不同配备比下对汽车尾气 NO_x 降解效果对比

(C)重复降解性能

纳米二氧化钛环保涂料的可重复降解性能是必须考虑的一个性能,它影响后续应用中的经济价值及实用价值。一般情况下,可通过雨水冲刷降解产物使环保涂料恢复光催化活性。检测纳米二氧化钛环保涂料的重复净化性能仍然采用上述介绍的实验方法,在完成一个净化实验之后,清空装置里面的汽车尾气,将沥青混合料试块通过雨水冲刷,待其风干后,继续进行实验。通入汽车尾气,打开光源进行下一次降解实验。

从图2-10中可以看出,纳米二氧化钛环保涂料在重复使用的情况下,其效率会随着净化次数的增加而逐渐降低,但是不明显。经分析认为,随着尾气里面的颗粒成分会逐渐覆盖在材料表面影响其接收光照的能力,但是作为催化剂纳米光催化材料,其本身催化剂的性能是不受影响的。4 次实验的结果,NO_x 降解效能分别为 36.4%,36.2%,

36.0%,36.2%。

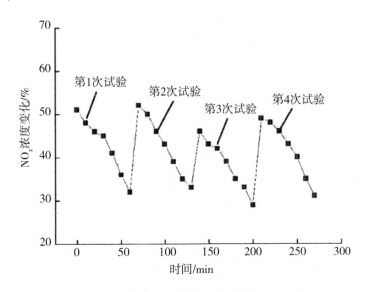

图2-10 纳米二氧化钛环保涂料重复降解效能实验

乔晓军等[107]对纳米二氧化钛混合液溶液对汽车尾气中有害气体HC 的降解效果进行了研究,同时评价了其在室内、室外自然条件和紫外光辐照下的尾气分解效果,并对影响其降低效果的相关因素进行了探讨,结果如下。①光照条件是影响纳米二氧化钛光催化效果的必要条件。无光照射下,纳米二氧化钛对于汽车尾气有害气体几乎没有催化降解的效果;在室外光照条件下其对汽车尾气有害气体的催化降解能力大大提高。下一步研究的重点是有效地扩大纳米二氧化钛的光响应范围,使其在室内光照及无光条件下更好地发挥催化作用。②涂抹纳米二氧化钛环保涂料的范围越大,接触的空气面积越大,其催化降解效能越明显。③重复降解性能是纳米二氧化钛环保涂料必须考虑的问题,且通过室内试验得到验证。在实际使用过程中,通过雨水冲刷即可满足其重复降解效能。

（10）在抗老化方面应用

近些年，纳米材料因其优异的性能和广泛的用途越来越受到人们的关注。纳米 TiO_2 由于具有良好的抗紫外线能力、白度好、透光性好、化学活性高、分散性好等特点，在陶瓷材料、催化剂载体、高级涂料等许多领域中得到广泛应用，但纳米 TiO_2 的制备、应用开发仍是材料学领域关注的课题。

抗老化性能是涂料的一项重要性能。材料的老化是多方面的，包括紫外线老化、热老化、臭氧老化和化学老化等。其中紫外线是最重要的因素，长期的紫外线照射会使涂料老化、变质、失去防腐能力，而纳米 TiO_2 对紫外线具有较好的屏蔽作用，因而能提高涂料的抗老化性能。阳露波[108]测试了紫外线吸收剂和经过无机、有机处理后的金红石纳米 TiO_2 对涂料综合性能的影响，结果表明，在涂料中添加适量的金红石纳米 TiO_2 可以提高其抗老化、力学性能指标；左美祥等[109]报道了以 $TiCl_4$ 为原料制备金红石纳米 TiO_2，并对其包敷处理后的外墙乳胶漆性能进行测试，结果表明，用该纳米 TiO_2 改性后的外墙乳胶漆的耐擦洗性和抗老化性优异；宋庆功等[110]对金红石纳米 TiO_2 用于防腐涂料耐候抗老化性能进行了研究，用不同配比的纳米 TiO_2 制备的纳米复合涂料，能有效阻止基体树脂的氧化，延长涂料使用寿命，提高涂料防腐性能。

（11）在降解甲醛领域中应用[111]

随着人们生活水平的提高，近年来室内甲醛气体污染问题已经成为人们关注的焦点[112]。2011 年，国家室内环境与室内环保产品质量监督检验中心开展了"首次全国室内空气大调查"，有 67% 的家庭装修后室内空气中甲醛浓度超过《民用建筑工程室内环境污染控制规范》（GB 50325 - 2001）所规定的限值[113]。去除空气中甲醛的方法有很多[114]，如通风法、植物吸收法、吸附法、光催化法等。其中光催化法因为可以降解空气中的甲醛且去除效率高引起了关注,尤其是 TiO_2 因自身的优良光催化特性成为近年来研究的热点[115]。赵翠等[111]综述了近年来 TiO_2 光催化涂料降解甲醛的研究进展。TiO_2 光催化涂料是一种高效降解甲醛的功能型涂料,它可以把甲醛等空气污染物降解为二氧化碳和水。分析了 TiO_2 光催化涂料降解甲醛的电子空穴机理和原子氧机理,并详细介绍了 TiO_2 光催化涂料,以及新型的单一改性和共改性 TiO_2 光催化涂料的研究与应用现状。

(A)TiO_2 光催化涂料降解甲醛

才红[116]等以钛酸丁酯复合醇溶胶作为前驱体,采用溶胶 – 凝胶法制备 TiO_2 微粒,添加到成膜物质中,配以添加剂、消泡剂等,合成纳米复合涂料。结果表明:600℃下焙烧所得纳米 TiO_2 制备的涂料为佳,黏度、甲醛含量、抗菌性、耐热性等各项性能均高于原涂料,甲醛降解率为 73%。张绍原[117]等用原位法合成硅丙乳液,添加纳米 TiO_2,进而研制成纳米 TiO_2 复合硅丙涂料。实验表明:湿度(50±5)%,温度(23±2)℃,24h 后,甲醛降解率为 86.2%,且该涂料具有良好的性能。邵佳敏[118]等利用氟碳树脂、HDI 三聚体、纳米 TiO_2 等制备光催化涂料。结果表明:紫外光照 300min 后,甲醛的浓度从 0.165mg/L 下降到 0.011mg/L。余宇翔[119]等的实验也证明了自然光照条件下,Ti 型光触媒涂料对甲醛的去除率范围为 2.73%~20.21%,而在紫外光照下,对甲醛的去除率范围在 61.38%~99.28%。国外也有类似报道,美国专利[120]介绍了一种 TiO_2 型光催化涂料的制备方法,并测试了该种涂料对室内甲醛的降解能力。测试结果表明:这种 TiO_2 型光催化涂料的涂膜在紫外光照射下,对甲醛具有明显的降解能力。但由于 TiO_2 型光催化涂料对光响应范围的局限性,目前对改性 TiO_2 型光催化涂料研究较多。

（B）Cu - TiO$_2$型光催化涂料

金属铜掺杂可以有效提高 TiO$_2$ 光催化涂料降解室内甲醛的效率,相关研究已有报道。李红[121]等自制 Cu - TiO$_2$ 光催化涂料,考察了分散剂、光催化剂、甲醛初始浓度、光源、温度、湿度、光照时间等对甲醛降解率的影响,结果表明金属铜掺杂可以拓宽 TiO$_2$ 光谱响应范围,聚丙烯酸钠离子型分散剂、室温20℃、湿度50%、日光灯照射时,甲醛初始浓度 5μL 时涂料对室内甲醛降解率高达 80% 以上,且涂料具有良好的耐久性。张浩[15]等制备出掺杂贵金属元素 Ag 和 Cu、金属元素 Fe 和 W、非金属 S 和 Cl 与稀土元素 Ce 和 La,8 种 TiO$_2$ 光催化涂料,进行了模拟室内环境下甲醛降解实验,结果表明 Cu 掺杂可提高 TiO$_2$ 对可见光的响应能力,并发生波峰红移现象。在 Cu 掺杂量 2%、室内环境湿度 45%,光照时间为 420min 时,涂料对甲醛的降解率高达 99.2%,但如果 Cu 掺杂量过高,会造成涂料表面龟裂。后来张浩等研究表明 Cu - TiO$_2$ 光催化剂用量在 1.5～2.5g/m^3,甲醛气体初始浓度为 1mg/m^{3}时,降解甲醛气体的效果最佳,且重复多次使用后仍保持较好的甲醛降解性能。

（C）Ag - TiO$_2$型光催化涂料

张小良[122]等以溶胶 - 凝胶法制备 TiO$_2$ 粉体,同时复合磷酸氢二钠、十水合四硼酸钠和氢氧化镁制备的阻燃胶体液,制备了光催化防火涂料。结果表明:影响室内甲醛气体降解率的主要因素有 TiO$_2$ 粉体的晶型、初始浓度、光照时间以及改性添加剂等。焙烧温度 520℃时,锐钛矿型 TiO$_2$ 与金红石型以一定的比例共存,TiO$_2$ 光催化活性最高。该涂料在甲醛初始浓度 6×10^{-6} mg/m^3,紫外光光照 40min,甲醛气体降解率达到 68.98%。添加聚乙二醇(PEG)和银离子使其改性,光催化涂料降解甲醛效率分别提高了 11% 和 14%。陈丽琼[123]等自制掺银离子的纳米 TiO$_2$ 光催化改性涂料,研究表明:Ag – TiO$_2$ 光催化涂料大大增强了纳米 TiO$_2$ 在可见光下的光催化效果,在 60L 的密闭玻璃箱中,12W 的日光灯照射 24h 后,甲醛的去除率为 71.1%,且内墙涂料的各项性能指标均满足 GB/T 9756 – 2001 优等品技术要求。

(D)Sn – TiO$_2$ 型光催化涂料

锡改性 TiO$_2$ 光催化涂料可以显著增强对室内甲醛气体的降解,已有学者做出相关报道。许顺红[124] 等比较三种不同方法制备的 TiO$_2$ 光催化涂料,得出掺锡纳米 TiO$_2$、复合分散剂、黏结剂和水以一定比例加入涂料中充分研磨搅拌而得的 TiO$_2$ 光催化涂料甲醛降解效率高达 79.8%。他们还认为光催化剂添加过多会引起涂层发生龟裂,但涂膜厚度对光催化降解能力影响不大。刘海[125] 等对添加和不添加 TiO$_2$/Sn^{2+} 光催化剂的功能涂料进行对比,结果证明添加 TiO$_2$/Sn^{2+} 后甲醛降解率显著:TiO$_2$/Sn^{2+} 掺杂量为 9%、相对湿度达到 55% 时,TiO$_2$/Sn^{2+} 涂料降解甲醛的降解率可以达到最大。

(E)共改性 TiO$_2$ 光催化涂料

在单一改性 TiO$_2$ 光催化涂料的基础上,研究人员提出共改性增强 TiO$_2$ 光催化涂料的光催化活性和降解甲醛效率。吴健春[126] 等制备锐钛型纳米 TiO$_2$ 载银载铈复合改性纯内墙乳胶漆,并对改性后的 TiO$_2$ 内墙涂料进行了甲醛降解实验研究。结果表明,纳米 TiO$_2$ 载银载铈复合改性后的内墙涂料,经过 40W 日光灯照射 8h 后甲醛降解率达到 75%。郭小龙[127] 等将锌镱共掺杂 TiO$_2$ 纳米粉体应用于苯丙乳液中制备出 TiO$_2$ 功能纳米复合涂料。实验确定最佳条件为研磨分散时间 1h、分散液 pH 值为 8 左右、3275 分散剂用量 1% 左右。纳米复合涂料降解甲醛的效能实验结果表明:锌镱共掺杂 TiO$_2$ 纳米复合涂料在紫外光照射下,甲醛初始浓度

为 $178mg/m^3$ ，反应 156h 后，相对湿度为 64% 时，涂料对甲醛的光催化降解率达到 94% 。宋莉[128]等采用溶胶 – 凝胶法制备了 $Zn/N/TiO_2$ 粉末，并与涂料进行复合。实验结果表明：掺杂配比为 $n(Zn)/n(N)/n(TiO_2) = 0.8\% : 1\% : 1\%$ ，纳米 TiO_2 在涂料中的添加量为 3% 时，甲醛降解效果最好，当继续添加时，降解效率反而下降；该光催化薄膜置于白炽灯下，2h 后甲醛的降解率达到 36.36% 。在可见光下该光催化薄膜降解甲醛 9 次后，去除率仍然保持在 32% 左右，而并没有因为重复使用而造成甲醛去除率的降低。

目前，TiO_2 光催化涂料降解甲醛大多还处于实验室研究阶段，工业应用较少。对于此种环境友好型的功能涂料，今后需要在以下几方面加强理论与实验研究：①通过改性 TiO_2 光催化剂，拓宽 TiO_2 光催化剂对光谱的响应范围。②制备纳米级 TiO_2 ，以提高 TiO_2 的量子尺寸效应。③引入新型的分散剂有助于 TiO_2 光催化剂在涂料中的稳定性与分散性。④选择合适的涂料，有效负载 TiO_2 光催化剂并减少对纳米 TiO_2 的屏蔽作用。⑤对 TiO_2 光催化涂料降解甲醛的影响因素（如湿度、温度等）进行深入的实验研究，以加强 TiO_2 光催化涂料降解甲醛效率。

（12）在其他方面应用

在纳米 TiO_2 表面，钛原子和钛原子间通过桥氧相连，这种结构是疏水性的，在光照条件下，一部分桥氧键脱离形成氧空位。此时，水吸附在氧空位中，成为化学吸附水（表面羟基），在纳米 TiO_2 表面形成均匀分布的纳米尺度的亲水微区。停止光照时，化学吸附的羟基被空气中的氧取代，又重新回到疏水状态。利用这种双亲二元协同原理制作的新材料，可用于修饰玻璃表面及建筑物表面，使其具有自清洁及防雾等效果。此外，还可以利用这种原理设计和研制在其他基材上使用的超双亲性修饰剂。纳米 TiO_2 的表面具有良好的亲水性能，其涂层具有化学吸水作用。在玻璃、陶瓷、合金的表面涂覆的纳米 TiO_2 涂层,具有防污、防雾和防水性能,以及易洗和易干的自洁功能[129]。自清洁涂层可以直接由纳米涂料附在物面上来获得,如把气相法生成的纳米 TiO_2 粒子分散在含 β - 二酮和偶联剂的有机溶剂中,再加入烷氧基硅烷制成 TiO_2 自清洁涂料。纳米 TiO_2 的防污主要是防止有机物在涂料表面的积聚,其主要有两种作用机理:一是分解作用,在光照下纳米 TiO_2 不断分解积聚在涂料表面的有机物,使涂料表面积聚的灰尘失去与涂料之间的夹层"有机粘合剂",从而很容易除去;二是超亲水性,涂料表面会产生一层水膜,将油性污染物与表面隔绝,不易在表面积聚。这样的双重作用使涂料具有长期耐玷污效应,因而其亲水性涂膜可用于玻璃、反光镜等表面,起到防雾效果。纳米 TiO_2 涂膜上滴水后,在光的照射下,水的浸润性非常好,产生超亲水性。

参考文献

[1]Fujishima A,Honda K. Electrochemical photolysis of water at a semi-conductor electrode[J]. Nature,1972,238:37 – 38.

[2]徐雄山. 关于光催化涂料及其在站屋和客运列车保洁上的应用探讨[J]. 铁路节能环保与安全卫生,2011,1(4):214 – 217.

[3]Romero M,Blanco J,Sanchez B,et al. Solar Photocatalytic Degradation of Water and Air Pollutants:Challenges and and perspectives[J]. Solar Energy,1999,66(2):169 – 182

[4]崔玉民,李慧泉,苗慧. 一种纳米氧化锌光催化剂的制备及应用[P]. 中国:ZL 2014 10058590. 3,2015 – 11 – 11.

[5]崔玉民,李慧泉,苗慧. 一种新颖的 $C_3N_4/ZnO/Fe_2O_3$ 复合光催化剂的制备及应用[P]. 中国:ZL 2014 10008653. 4,2015 – 07 – 08.

[6]崔玉民,李慧泉,苗慧. $Bi_{0.5}Na_{0.5}TiO_3$ 的制备方法及其在光催化

中的应用[P]. 中国:ZL 201410148250. X,2016 - 03 - 30.

　　[7]崔玉民,李慧泉,苗慧. 一种 Mn/CdS 复合光催化剂的制备方法及其应用[P]. 中国:ZL 201410279649. 1,2014 - 06 - 20.

　　[8]李慧泉,崔玉民,苗慧. Bi_2O_3/Co_3O_4复合光催化剂的制备方法及应用[P]. 中国:ZL 201410079247. 7,2016 - 04 - 06.

　　[9]崔玉民,李慧泉,苗慧,等. 一种光解水制氢的复合光催化剂及其制备与应用[P]. 中国:ZL 201410577844. 2,2017 - 02 - 15.

　　[10]李慧泉,崔玉民,苗慧,等. 一种治理废水污染的复合光催化剂及其制备与应用[P]. 中国:ZL 201410577824. 5,2017 - 01 - 18.

　　[11]中田一弥. 日本における光触媒の応用[DB/OL]. [2012 - 05 - 10].

　　[12]刘兴军,周忠华. 中国の光触媒技术应用の现状及び展望[DB/OL]. [2012 - 05 - 10].

　　[13]只金芳. 中国の光触媒産業の現状及び応用[DB/OL]. [2012 - 05 - 10]

　　[14]王怡中,符雁,汤鸿霄. 甲基橙溶液多相光催化降解研究[J]. 环境科学,1998,19(1):1.

　　[15]崔玉民,范少华. 污水处理中光催化技术的研究现状及其发展趋势[J]. 洛阳工学院学报,2002,23(2):85 - 89.

　　[16]崔玉民,朱亦仁,王克中. 用复相光催化剂 $WO_3/CdS/W$ 深度处理印染废水的研究[J]. 工业水处理,2001,21(2):9 - 12.

　　[17]李旦振,郑宜,付贤智. 微波 - 光催化耦合效应及其机理研究[J]. 物理化学学报,2002,18(4):332.

　　[18][法]R. 科埃略. 电介质物理学[M]. 李守义,吕景楼译. 北京:科学出版社,1984:35.

[19] Duan Ai – Hong. Journal of Yunnan Nomal Univ. , 1998, 18 (3):89.

[20]李名复. 半导体物理[M]. 北京:科学出版社,1991:1791.

[21]李宗宝,王霞,周勋,等.(S,Co)双掺杂 TiO$_2$ 改性第一性原理[J]. 辽宁工程技术大学学报(自然科学版),2013,32(2):206

[22]Ding Z. ,Lu G. Q. ,Greenfield P. F. . A kinetic stu on photocatalytic oxidation of phenol in water silica – dispersed titania nanoparticles. J. Colloid Interf. Sci. 2000,232:1 – 9.

[23]Lindgren T. ,Mwabora J. M. ,Avendano E. al. Photo electrochemical and optical properties of nitrogendoped titanium dioxide Elms prepared by reactive DC magnetron sputtering. J. Phys. Chem. B 2003,107:5709 – 5711.

[24]Tachikawa T. ,Tojo S. ,Kawai K. et al. Photocatalytic oxidation reactivity of holes in the sulfur and carbon – doped TiO$_2$ powders studied by time-resolved diffuse reflectance spectroscopy. J. Phys. Chem. B 2004, 108: 19299 – 19306.

[25]Nakamura R. ,Tanaka T. ,Nakato. Visible-light-induced nitrogen – doped TiO$_2$ powders. J. Phys. Mechanism for visible light responses in film electrodes. J. Phys. Chem. B 2004,108:10617 – 10620.

[26]Fujitsuka M. ,Irie H. ,Hashimoto K. Degradation of ethylene glycol on Chem. B 2006,110:13158 – 13165.

[27]Fu H. ,Zhang L. ,Zhang S. et al. Spin – trapping detection of radical intermediates photodegradation of 4 – chlorophenol. J. Phys. Chem. , Electron spin resonance in N – doped TiO$_2$ – assisted B 2006,110:3061 – 3065.

[28]Asahi R,Morikawa T,Ohwaki T,et al. Visible – light photocatalysis in nitrogen – doped titanium oxides[J]. Science,2001,293:269 – 271.

[29] Choi Y, Umebayashi T. , Hashimoto K. Fabrication and characterization of C – doped TiO_2 photocatalysts. J. Mater. Sci. 2004, 39: 1837 – 1839.

[30] Irie H, Watanabe Y, Hashimoto K. Nitrogentration dependence on photocatalytic activity of TiO_2 – xNx powders[J]. J Phys Chem B, 2003, 107 (23): 5483 – 5486.

[31] Ihara T, MiyoshiM, Iriyama Y, et al. Visible – light – active titanium oxide photocatalyst realized by an oxygen deficient structure and by nitrogen dop ing[J]. App l Catal B, 2003, 42: 403 – 409.

[32] Asashi R. , Morikawa T. , Ohwakl T. et al. Science, 2001, 293: 269

[33] Umebayashi T. , Yamaki T. , Itoh H. et al. Band gap narrowing of titanium dioxide by sulfur doping. Appl. Phys. Lett. 2002, 81: 454 – 456.

[34] Umebayashi T. , Yamaki T. , Tanaka S. et al. Visible light – induced degradation of methylene blue on S – doped TiO_2. Chem. Lett. 2003, 32: 330 – 331.

[35] Hno T. , Mitsui T. , Matsumura M. Photocatalytic activity of S – doped TiO_2 photocatalyst under visible light. Chem. Lett. 2003, 32: 364 – 365.

[36] Ohno T. , M. , Umebayashi, T. , Asai, K. , et al. Praparation of S-doped TiO_2 photocatalysts and their photocatalytic activities under visible light. Appl. Catal. A – Gen. 2004, 265: 115 – 121.

[37] Ohno, T. Praparation of visible light active S – doped TiO_2 photocatalysts and their photocatalytic activities. Water Sci. Technol, 2004, 49: 159 – 163.

[38] 李青坤, 王彪, 王强, 等. 碳掺杂二氧化钛光催化性能的第一性原理研究[J]. 黑龙江大学自然科学学报, 2007, 24(4): 455 – 459.

[39] Limpijumnong S, Zhang S B, We S H, et al. Dop ing by large-size-

mismatched impurities:The microscopic origin of arsenic-or antimony-doped p-type zinc oxide[J]. Phys Rev Lett,2004,92(15):155504 - 155507.

[40]Zhang S B,Northrup J E. Chemical potential dependence of defect formation energies in GaAs:App lication to Ga self - diffusion[J]. Phys Rev-Lett,1991,679(17):2339 - 2342.

[41]Lin L,Lin,W,Zhu Y,et al. Phosphor-doped titania-anovel active photocatalyst in visible light. Chem. Lett. 2005,34:284 - 285.

[42]Shi Q. ,Yang D. ,Jiang Z. Y. ,et al. Visible - light photocatalytic regeneration of NADH using P - doped TiO_2 nanoparticles[J]. Mol. Catal. B:Enzym. 2006,43:44 - 48.

[43]Yu J. C. ,Zhang L. Z. ,Zheng Z. ,et al. Synthesis and characterization of phosphated mesoporous titanium dioxide with high photocatalytic activity. Chem. Mater. 2003,15:2280 - 2286.

[44]Minero C. ,Mariella G. ,Maurino V. Pelizzetti E. Langmuir 2000,16:2632.

[45]Yu J. C. ,Yu J. G. ,Ho W. K. ,et al. L. Z. Chem. Mater,2002,14:3808.

[46]张宁,许明霞,陈超,等. 拉曼光谱对碘掺杂二氧化钛的晶相与表面结构[J]. 南昌大学学报(理科版),2008,32(2):130 - 133.

[47]张琦,李新军,李芳柏,等. WO_x - TiO_2 光催化剂的可见光催化活性机理探讨[J]. 物理化学学报,2004,20(5):507 - 511.

[48]焦更生. 纳米 TiO_2 的化学制备及其特性在涂料中的应用进展[J]. 材料导报 A,2013,27(8):54.

[49]桥本和仁,藤岛昭. 光催化高清洁系统的开发[J]. 化学工程,2000,45(1):64.

［50］邱星林,徐安武.纳米级 TiO_2 光催化净化大气环保涂料的研制[J].新型建筑材料,2001(5):1.

［51］王春艳,林爱军,尤勇,等.二氧化钛光催化剂治理室内空气污染研究进展[J].环境与健康杂志,2011,28(11):1019.

［52］叶超群,屈凌波,李中军,等.极具发展潜力的环保功能材料—— TiO_2 [J].化工新型材料,2001,29(7):23.

［53］Stamataskis P,Palmer B R. Optimum particle size of titaniumdioxide and zinc oxide for attenuation of ultraviolet radiation[J]. J Coat Techn,1990,62(7):95.

［54］苏岚,徐进.防晒用有机 - 无机纳米 TiO_2 复合材料的制备及表征[J].中国粉体技术,2012,18(5):11.

［55］朱建,曹艳凤,卞振峰,等.双醇诱导自组装制备多级蛋壳结构 TiO_2 材料及其光催化性能研究[J].中国科学:化学,2012,42(11):1627.

［56］张梅,杨绪杰.前景广阔的纳米 TiO_2 [J].航天工艺,2000,6(1):53.

［57］焦书科,夏宇正.纳米改性丙烯酸系建筑涂料的应用进展[J].丙烯酸化工与应用,2004,17(1):7.

［58］Wolf—Ruediger Karl, Jochenm Winkler. Coating composition applied to a substrate and containing ultra - fine TiO_2 and methods of making and using same[P]. US,6005044. 1999 - 12 - 21.

［59］牛健.一种纳米金属汽车面漆[P].中国,CN18952257,1989 - 07 - 13.

［60］红岩,刘敬肖,赵婷,等.环保涂料的研究进展[J].内蒙古师范大学学报(自然科学汉文版),2014,43(2):206.

［61］Romero M,Blanco J,Sanchez B,et al. Solar photocatalytic degration of water and airpollutants[J]. Solar Energy,1999,66(2):169 - 182.

[62]余家国,赵修建. 掺银 TiO_2 复合薄膜的制备和光催化性能的研究 [J]. 稀有金属材料与工程,2000,29(12):390 - 393.

[63]林劲冬,梁丽云,蓝仁华,等. Fe - TiO_2 光催化涂层材料的制备及在可见光下清除甲醛的性能表征 [J]. 精细化工,2004,21(2):115 - 118.

[64]张浩,钱付平. Cu - TiO_2 光催化涂料的制备及降解甲醛效果研究 [J]. 2011,4(5):46 - 48.

[65]白麓楠,刘敬肖,史非,等. SiO_2 气凝胶/WO_x - TiO_2 复合空气净化涂料的制备及性能研究 [J]. 大连工业大学学报,2014,33(1):53 - 57.

[66]中田一弥. 日本における光触媒の応用 [DB/OL]. [2012 - 05 - 10].

[67]刘兴军,周忠华. 中国の光触媒技术应用の现状及び展望[DB/OL]. [2012 - 05 - 10].

[68]只金芳. 中国の光触媒产业の现状及び应用[DB/OL]. [2012 - 05 - 10].

[69]徐瑞芬,佘广为,许秀艳. 复合涂料中纳米 TiO_2 降解污染物和抗菌性能研究[J]. 化工进展,2003,22(11):1193 - 1195.

[70]耿启金. 纳米 TiO_2 改性多功能建筑涂料的制备与性能研究 [J]. 新型建筑材料,2005,(12):30 - 33.

[71]刘永屏,董善刚,高福安. 纳米 TiO_2 改性内墙生态涂料的研制 [J]. 新型建筑材料,2002,(10):73 - 75.

[72]李冬娜,马晓军. 活性炭材料负载纳米 TiO_2 的应用研究进展 [J]. 林产化学与工业,2013,33(4):149 - 154.

[73]Tryba B,Morawski A W,Inagaki M. Application of TiO_2 - mounted

activated carbon to the removal of phenol from water[J]. Applied Catalysis B: Environmental,2003,41(4):427 - 433.

[74]Ngoc H P,Sebastien R,Catherine F,et al. Production of fibrous activated carbons from natural cellulose(jute,coconut)fibers for water treatment applications[J]. Carbon,2006,44(12):2569 - 2577.

[75]Lee D K,Kim S C,Kim S J,et al. Photocatalytic oxidation of microcystin - LR with TiO$_2$ - coated activated carbon[J]. Chemical Engineering Journal,2004,102(1):93 - 98.

[76]柳欢欢. 活性炭负载 TiO$_2$ 光催化剂的制备及其对腐殖酸的降解性能[D]. 上海:东华大学硕士学位论文,2007.

[77]崔丹丹,蒋剑春,孙康,等. 铂、氮共掺杂光催化剂 TiO$_2$/BAC 的制备及其性能研究[J]. 林产化学与工业,2012,32(1):55 - 60.

[78]张贤贤,雷利荣,李友明,等. 活性炭负载 TiO$_2$ 的制备及催化臭氧处理造纸废水的应用[J]. 中国造纸,2011,30(6):37 - 40.

[79]颜秀茹,李晓红,宋宽秀. TiO$_2$/SiO$_2$ 的制备及其对 DDVP 光催化性能的研究[J]. 水处理技术,2000,26(1):42.

[80]孙尚梅,康振晋,魏志仿. TiO$_2$ 膜太阳光催化氧化法处理毛纺染整废水[J]. 化工环保,2000,20(1):11.

[81]孙奉玉,吴鸣,李文钊. 二氧化钛表面光学特性与光催化活性的关系[J]. 催化学报,1998,19(3):229.

[82]曹亚安,沈东方,张昕彤. Sn^{4+} 掺杂对 TiO$_2$ 纳米颗粒膜光催化降解苯酚活性的影响[J]. 高等学校化学学报,2001,22(11):1910.

[83]Deki S,Aoi Y,Hiroi O,et al. [J]. Chem Lett,1996,98:433 - 439.

[84]Zhao Wenkuan,Fang Youling. [J]. Acta Phys - Chim Sinica,2002,18(4):368.

[85]周磊,赵文宽,方佑龄. 液相沉积法制备光催化活性 TiO₂ 薄膜[J]. 应用化学,2002,19(10):919.

[86]崔玉民,范少化. 污水处理中光催化技术的研究现状及其发展趋势[J]. 洛阳工学院学报,2002,23(2):85.

[87]Xie Quan,Shaogui Yang,Xiuli Ruan,et al. Preparation of Titania Nanotubes and Their EnvironmentalApp lications as Electrode[J]. Environ. Sci. Technol. ,2005,39(10):3770 – 3775.

[88]Z G Zhang. Photoelectroc atalytic activity of highly ordered TiO₂ nanombe arrays electrode for azo dye degra – dation[J]. Environ Sci Technol,2007,41(17):6259 – 6263.

[89]万斌,沈嘉年,陈鸣波,等. 阳极氧化法制备 TiO₂ 纳米管及光催化性能[J]. 应用化学,2008,25(6):665 – 668.

[90]刘正宝,姚清照. 光催化氧化技术及其发展[J]. 工业水处理,1997,17(6):7.

[91]孙振世,陈英旭. 光催化氧化技术及其发展[J]. 水处理技术,1999,14(1):3.

[92]蒋伟川,王琳. 第二届全国环境保护综合利用技术学会研讨会[M]. 重庆:中国环境科学出版社,1993:563

[93]沈学优,周仁贤,潘国尧.98 全国光催化学术会议论文摘要集[M]. 北京:中国化学会出版社,1998:118

[94]文学洙. 用半导体光催化剂 WO₃ 处理印染废水的研究[J]. 太阳能学报,1985,6(2):201.

[95]崔玉民,朱亦仁,王克中. 用复相光催化剂 WO₃/CdS/W 深度处理印染废水的研究[J]. 工业水处理,2001,21(2):9 – 12.

[96]Yuan Rusheng,Zheng Jingtang,Guan Rongbo,et al. Surface charac-

teristics and photocatalytic activity of TiO₂ loaded on activated carbon fibers [J]. Colloids and Surfaces A: Physicochemical and Engineering Aspects, 2005,254(1 /2 /3):131 - 136.

[97]Liu Yazi, Yang Shaogui, Hong Jun, et al. Low - temperature preparation and microwave photocatalytic activity study of TiO₂——mounted activated carbon[J]. Journal of Hazardous Materials,2007,142(1 /2):208 -215.

[98]翟春阳,周卫强,徐景坤,等. 活性炭负载 TiO₂ - Fc₃O₄ 磁性光催化剂的制备及性能[J].化学研究,2009,20(2):83 -86.

[99]王冬至,刘福田,单立福,等. 多孔纳米二氧化钛薄膜的制备及其光催化活性[J].陶瓷学报,2006,27(4):125 -130.

[100]计竹娃,包华辉. 针状纳米 α - Fe₂O₃ 包覆二氧化钛复合颗粒的制备和表征[J].江苏化工,2007,35(4):240 -243.

[101]谢倩,赵秀兰. TiO₂/AC 负载型光催化剂的制备及光催化性能的研究[J].西南大学学报:自然科学版,2011,33(3):63 -67.

[102]Addamo M, Augugliaro V, Di Paola A, et al. Photocatalytic thin films of TiO₂ formed by a sol - gel process using titanium tetraisoprop oxide as the precursor[J]. Thin Solid Films,2008,516(12):3802 -3807.

[103]项兆邦,夏慧丽. 活性炭纤维负载纳米 La - S/TiO₂ 光催化降解苯酚的研究[J].环保科技,2008,14(4):1 -3,7.

[104]贾国正,张林生,王力友,等. 活性炭纤维负载 TiO₂ 光催化降解苯酚[J].南京师范大学学报:工程技术版,2007,7(2):41 -44.

[105]员汝胜,郑经堂,关蓉波. 活性炭纤维负载 TiO₂ 薄膜的制备及对亚甲基蓝的光催化降解[J].精细化工,2005,22(10):748 -751.

[106]王兆锡. 关于汽车节能减排的相关分析[J].应用能源技术,2009(9):44 -46.

[107]张澎,李晓林,宋伟民. 汽车尾气中含铂颗粒物对健康的影响[J]. 国外医学卫生学:分册,2005,32(4):22-26.

[108]乔晓军,李佩,文龙. 纳米二氧化钛环保涂料降解汽车尾气氮氧化合物效果研究[J]. 施工技术(增刊),2014,43:664-666.

[109]阳露波. 金红石纳米 TiO_2 在涂料中的应用研究[J]. 钢铁帆钛,2003,24(2):52-56.

[110]左美祥,乔健,马全利,等. 纳米 TiO_2 的制备及在涂料中的应用[J]. 现代涂料与涂装,2002,(4):40-43.

[111]宋庆功,颜家振,胡驰,等. 金红石型纳米 TiO_2 用于重防腐涂料耐候性的研究[J]. 钢铁帆钛,2005,26(2):54-57.

[112]赵翠,李萍,杨双春,等. 降解甲醛功能型涂料的研究进展[J]. 当代化工,2013,42(2):169-172.

[113]Tunga Salthammer,Sibel Mentese,Rainer marutzky. Formaldehyde in the indoor environment[J]. Chem Rev,2010,110(4):2536-2572.

[114]王喜元.《民用建筑工程室内环境污染控制规范》GB 50325-2001 内容简介[J]. 建筑技术,2002,33(4):290-292.

[115]刘杨灏,余倩,李聪,等. 室内甲醛净化处理的研究进展[J]. 广东化工,2011,38(6):128-131.

[116]Liu TX,Li FB,Li XZ. TiO_2 hydrosols with high activity for photocatalytic degradation of formaldehyde in a gaseous phase[J]. J Hazard Mater,2008,152(1):347-355.

[117]才红. 纳米二氧化钛的制备及其在涂料中的应用[J]. 电镀与涂饰,2009,28(10):63-66.

[118]张绍原,程波,胡劢,等. 纳米 TiO_2 复合涂料的研制及其降解空气中甲醛的研究[J]. 浙江建筑,2011,28(12):63-71.

[119]邵佳敏,李保松,乌学东. 纳米 TiO_2 光催化环保涂料的研究[J]. 现代涂料与涂装,2011,14(3):9-11.

[120]余宇翔,易康,蔡盛,等. 光催化氧化处理室内空气中甲醛污染研究[J]. 江西化工,2011(1):104-107.

[121] Heller A, Pishko M. Photo Catalyst Binder Compositions:US, 6093676[P]. 2000-07-05.

[122]李红,王霞,郭奋,等. TiO_2 光催化涂料的制备及其降解甲醛研究[J]. 环境工程学报,2010,4(1):142-146.

[123]张小良,陈建华,刘英学,等. 光催化防火涂料的制备及对甲醛气体降解实验研究[J]. 上海应用技术学院学报,2005,5(2):120-124.

[124]陈丽琼,李荣先. 掺银纳米 TiO_2 内墙涂料的制备及性能研究[J]. 新型建筑材料,2007,6:60-62.

[125]许顺红,查振林,方继敏,等. 影响涂料光催化效果的因素[J]. 涂料工业,2008,38(3):9-12.

[126]刘海. 锡掺杂纳米 TiO_2 功能性涂料的研究[D]. 郑州:河南工业大学,2010:1-54.

[127]吴健春. 纳米 TiO_2 改性内墙乳胶漆的抗菌性能及甲醛降解研究[J]. 钢铁钒钛,2005,26(4):17-21.

[128]郭小龙. 锌镉共掺杂 TiO_2 纳米复合涂料的制备及性能研究[D]. 哈尔滨:哈尔滨工业大学,2006:1-48.

[129]宋莉. 纳米 TiO_2 与涂料的复合及其降解室内甲醛的实验研究[D]. 重庆:重庆大学,2012:1-55.

[130]周树学,杨玲. 二氧化钛自清洁涂层的研究现状与评述[J]. 电镀与涂饰,2013,32(1):57.

第3章

水性涂料

　　近年来,环保型涂料以其相对于传统溶剂型涂料在可挥发性有机化合物 VOC(volatile organic compounds)减排方面的突出效果受到行业和消费者的关注。最近,环境保护部门有关负责人呼吁,国家应从政策、法律层面上对 VOC 污染提出要求。我国已出台了 10 项相关强制性标准对产品中包括的 VOC 物质进行限制。环境保护部宣教司副司长贾峰认为,目前很多企业生产的涂料或相关的产品未达到先进企业所达到的标准,未来肯定会把 VOC 物质作为一种控制要素提出来。VOC 是可挥发性有害物质的简称,当居室中的 VOC 含量达到一定浓度时,人会感到头痛、恶心、呕吐、乏力等症状,严重的还会出现昏迷,并会伤害人的肝脏、肾脏和神经系统。常见的 VOC 有苯、甲苯、乙苯、二甲苯、甲醛、甲醇、乙醇、异丙醇、丙酮、氯仿、乙二醇醚等。国家标准中,VOC 限量为每升不超过200g,较好的涂料在每升100g 以下,真正环保健康的涂料接近于零。据统计,我国每年约有2200 万 t VOC 物质排入空气中,相当于 13 亿人连续 16h 吸入空气量的总和,而且这个数字仍以年均9%的速度在增长。在 2200 万 t VOC 物质中,工业占了 30%,工业中的涂料、胶黏剂等又占了70%。曾参与有关 VOC 物质控制标准起草的钱伯容告诉记者,现在我国相关政策法规中针对水性漆只有一个政策法规正在审批中,不健全的政策法规仍是阻碍我国水性漆发展的一个重要因素。他认为,加快环保涂料的标准规范的健全是推动我国涂料的水性化关键步骤。

2009年1月20日,时任美国总统巴拉克·奥巴马宣誓就职,这位携"绿色议程"上任的总统被视作能带领美国在新时代有所作为的"绿色"领袖。《中美联合声明》对我国节能环保、新能源等产业带来重大影响。中国在节能环保方面对世界承诺今后5年内要减排40%~45%。2013年6月14日,国务院总理李克强主持召开国务院常务会议,部署大气污染防治十条措施。从十条措施的制定可以很清晰地看出加大力度治理大气污染,减少挥发性有机化合物(VOC)是首当其冲、贯穿全局、重中之重的任务。

由于油性树脂(油性漆)需要有大量的有机溶剂对其进行稀释,通常有机溶剂的用量为40%~80%。如此多的有机溶剂在油漆成膜以后几乎全都挥发到大气中。如果在室内使用油漆,则居民长期会处于有毒环境中。吸入有机溶剂,对身体会造成极大损伤。这些有机溶剂会长期滞留于室内,对人体健康造成持续伤害。因此,油性漆也被冠以"隐形杀手"的称号。如果在室外使用油漆,则有毒害的有机溶剂挥发到大气中:一方面随空气四处流动污染周边的空气环境,另一方面会在阳光的照射下发生分解毒性更大的二次污染物。研究发现,溶剂型油漆中以游离TDI(甲苯二异氰酸酯)为代表的更大一部分有毒致癌物质仍在长期缓释挥发,挥发期可达10~15年。统计发现,我国每年因家居装修而发生的中毒死亡人数高达11万人,油漆工更是首当其冲。据业内人士介绍,从事油漆工职业6年以上的工人,几乎会完全丧失生育能力,其平均寿命在装修各工种中排名倒数第一。油性漆多以二甲苯为溶剂,含有许多致癌物质。如游离TDI,可导致哮喘,有害健康;游离甲醛超过0.15mg/m³,会形成慢性呼吸道疾病,并导致肺功能下降。有害物质的不断挥发,时间可达10多年之久,造成室内空气污染,容易使人感到头痛、恶心、疲劳等,长时间接触会使人产生慢性中毒,甚至导致癌症。油漆的危害不仅仅是高毒性的有机溶剂刺激呼吸道,对内脏和神经造成严重危害,而且在施工作业时,如果使用的有机溶剂是易燃液体,容易产生大量可燃液体蒸汽挥发,并与空气混合形成爆炸型混合物,通风不好遇到明火或者火星会发生爆炸。冬季在油漆作业中,场所如果为了加快油漆干燥速度而提升作业场所的环境温度,容易引起火灾。在油漆作业场所进行焊、割或者使用大功率灯泡烘烤漆件都容易引起燃烧或爆炸。场所的静电火花也会引燃喷漆发生火灾。沾有油漆的布、棉纱、手套、工作服在通风不良、长时间氧化发热积聚也容易发生自燃。另外,油漆作业所使用的器皿清洗难度大,必须用高污染的有机溶剂进行清洗,这不仅进一步增加污染,而且容易造成危险。油漆存储和运输都是极其危险的,仓库要保持良好的通风和低温,运输车辆也要保持较低温度和在平稳路面上行驶。

§3.1 水性涂料分类及其优缺点

3.1.1 水性涂料分类

（1）水性环氧涂料

水性环氧涂料利用了环氧树脂良好的物理以及化学的性能,比如说黏接能力、耐腐蚀性、坚硬、耐化学溶剂性能等。水性环氧树脂的其中一种是水乳型环氧树脂,另一种是水溶型环氧树脂。其制备方法主要有直接乳化法、相反转法和自乳化法三种[1]。除此之外,有些研究中还利用纤维素单晶纳米材料的掺杂改良法,得到兼备柔韧性又坚固的高性能水性环氧涂料[2]。水性环氧涂料的成膜是通过环氧树脂与固化剂反应而完成的,然而这些反应物对膜的性能影响较大,所以在水性涂料中使用的固化剂改性研究已成为国内外的研究焦点。

(2)水性聚氨酯涂料

水性聚氨酯涂料在保有溶剂型涂料优异性能外,其硬度较后者高,且具有更强的附着力。同时比后者更为耐腐蚀,溶剂 VOC 含量低。但水性聚氨酯涂料也具有一些缺点,那就是黏结性较低,耐水性与耐候性等性能还有一些不足之处[3]。

(3)水性丙烯酸酯类涂料

丙烯酸酯乳液是现在水性涂料中应用较多的一种。由于其具有理想的物理性能,如耐候性等,被广泛应用于水性涂料中。推动该水性涂料的飞速发展。

(4)水性醇酸树脂涂料

作为一种重要的涂料用树脂,水性醇酸树脂具有单体来源多、廉价、种类多、可调性较高等优点。但是水性醇酸树脂涂料虽然具有较强的涂附性和润滑性等优势,却依然存在水性涂料所具有的共通缺点,如干燥缓慢、耐水耐候性差等,因此,依然需要一定的改良。目前对水性醇酸树脂的改性研究主要包两个方面,物理方面的改性和化学方面的改性,其中效果最显著的为丙烯酸树脂、有机硅树脂和苯乙烯。最近随着对聚氨酯研究的普遍化,也出现了许多以聚氨酯改性的醇酸树脂研究[4]。

3.1.2 水性涂料优缺点

尽管水性涂料具有各种各样的优点,如污染小、较为安全、处理便捷等,但也同时具有一些不足点,主要表现在水性涂料中仍然存在有机物,这些有机物作为填料和基质存在于涂料之中,其含量为2%～12%,依然会对环境造成污染;干燥时需要的时间很长,成膜的速度较慢,在温度较低且湿度较高的环境下体现得尤为明显。形成这种现象的主要原因是:水比有机溶剂更难以蒸发,从而可能需要加热来促进水分的逸出来实现干燥;相对有机溶剂的表面张力,水较大,这样就导致基材润湿较难;水是极易腐蚀金属的,用水作为溶剂的涂料不适合在金属上涂膜;涂料中的有机高分子物质一般不是非常亲水,因此水性涂料不易储存;水的结冰温度比其他多数有机溶剂都要高,导致涂料低温高温稳定性较差;由于水适合微生物滋生,因此容易发霉等。人们以改善水性涂料性能为目的,增大水性涂料在各个领域的应用,近50年来,对水性涂料进行了很多的改善及研究探讨[5]。

3.1.3　水性涂料特性

（1）水性涂料具有较强的表面张力

水性涂料中最主要的成分是水,这一特点使得水性涂料在表面张力上远远强于溶剂涂料。有相关数据显示,在相同条件下,水的表面张力能够达到大概在70m·N/m,而有机溶剂的表面张力仅为水性涂料的30%。较强的表面张力是水性涂料最为显著的特性之一[6]。

（2）水性涂料具有较高的汽化温度

相关测试表明水性涂料中水所占的比例达到了70%,水在汽化温度上较高,使得水性涂料在喷涂使用的时候不易挥发。与此同时,水性涂料在进行雾化处理时不会像溶剂涂料那样易挥发。总而言之,较高的汽化温度使水性涂料受到了市场的青睐。

§3.2 水性环氧涂料

水性涂料自问世以来,在国外发展较快,我国水性涂料相关研究尚处于起步阶段,整体研究和应用水平都较为落后。当前,我国经济体制改革和产业结构调整正逐步深入,节能环保型产品市场发展空间极为广阔,水性涂料符合市场发展趋势要求,具有巨大的经济潜力和发展前景,是涂料企业未来必须重点发展的涂料产品。

水性环氧树脂涂料具有优异的物化性能,如良好的附着力、优异的耐化学品性和耐溶剂性、硬度高、耐腐蚀性和热稳定性优良,因此,一直受到人们的关注。水性环氧树脂可分为水乳型环氧树脂和水溶型环氧树脂两种。

3.2.1 主要原材料的选择

李念伟[7]采用水性环氧树脂和水性丙烯酸树脂作为涂料基料。以下是两种主料的选择要求:①水性环氧涂料基料的选择要求。水性环氧树脂主要用于生产底漆。基于这个原因,其应具备以下性能:a. 和金属基材间黏结紧密,附着力良好。金属基材包括各类常见金属(含处理或未处理过的铝板)及镀锌板、镀铬板等有镀层的金属基材;b. 耐酸碱腐蚀,耐氧化性好;c. 漆膜硬度高,流平性、配套性能佳。②水性丙烯酸涂料基料的选择要求。水性丙烯酸涂料基料主要用于面漆的生产。其应具备以下性能:a. 层间附着力良好;b. 耐水、耐化学性能表现良好;c. 漆膜光亮、硬度高、流平性好,便于施工作业;d. 具有良好的耐候性和耐沾污性,保光性能佳,能长久保持漆膜亮丽外观。

3.2.2 水性环氧涂料制备过程

（1）主料制备

①按设计配比在分散盆中加入去离子水和部分助剂,搅拌均匀后再加入颜填料,待再次搅拌均匀后调高搅拌速度进行分散,持续 20min。②使用研磨设备进行研磨,直至颗粒细度低于 20μm。③导入调漆釜中,按设计配比加入水性乳液及部分助剂,搅拌均匀后检测黏度,如不达标则使用去离子水、增稠剂进行调整,性能检验合格后,过滤、包装。

（2）硬化剂制备

在分散釜中按设计配比依次加入硬化剂、去离子水及各类助剂,搅拌均匀。检测合格后,过滤、包装。

（3）水性涂料的使用

以水性环氧树脂为基料的水性涂料采用两组分法的使用方式。即主料和硬化剂分别单独加工、存放,使用时现场按照设计配比混合并搅拌均匀,根据具体施工条件使用去离子水条件黏度后喷涂。由于环氧树脂基料和硬化剂接触后会发生交联反应,时间一长就会凝胶化,所以要坚持用多少,配多少的原则,适量配置,配完就用,避免浪费。水性丙烯酸树脂为基料的水性涂料使用较为简单,只需用去离子水调节黏度到适用范围即可喷涂。用不完的涂料可以稳定存放,以待以后再用。

3.2.3 水性环氧涂料主要性能参数

水性环氧涂料的性能分析:（1）水性环氧涂料原漆物化指标（见表 3 - 1）。

表 3 - 1 水性环氧涂料原漆物化指标

序号	检测项目	水性环氧底漆检测结果	水性丙烯酸面漆检测结果	检测方法
1	原漆状态	均匀	均匀	目测
2	固体分/%	55	50	GB/T 1725 - 1979
3	黏度(23℃)/KU	90	71	GB/T 9269 - 1988
4	细度/μm	45	25	GB 1724 - 1979
5	贮存稳定性(3个月)	合格	合格	GB/T 6753 - 1986
6	pH 酸碱度	8.7	7.9	PHS - 29A 型酸度计

（2）水性环氧涂料的性能检测结果分析（见表3 - 2）

表 3 - 2 水性环氧涂料的性能检测结果分析

序号	检测项目	水性环氧底漆检测结果	水性丙烯酸面漆检测结果	检测方法
1	深厚/μm	40	40	GB/T 1764 - 1979
2	光泽/60°	7.4	76	GB/T 9754 - 1988
3	表干(40 ± 2)μm/min	30	30	GB/T 1728 - 1979
4	实干(40 ± 2)μm/h	2	2	GB/T 1728 - 1979
5	冲击/cm	50	50	GB/T 1732 - 1993
6	附着力/1mm	1	1	GB/T 9286 - 1998
7	柔韧性/mm	1	1	GB/T 1731 - 1993
8	耐水性(配套)	480h		GB/T 1733 - 1993
9	耐盐雾(配套)	240h		GB/T 1765 - 1979
10	耐候性(配套)	408h		GB/T 1765 - 1979

配套为底漆漆膜厚度（40 ± 2）μm，面漆漆膜厚度（40 ± 2）μm 检测结果显示，本项目所设计的水性环氧底漆和水性丙烯酸面漆施工性能表现良好，漆膜的耐水性、耐盐雾性、耐候性达到一般工业防腐涂装标准，市场前景良好，适应推广。

3. 2. 4　关于成膜助剂添加量的分析

只凭基料涂料成膜后效果不理想,必须添加一部分助剂予以改善,这些助剂含量极少,但作用极大,可以提供许多附加性能,是涂料中不可或缺的重要组成。从大量试验中可知,成膜助剂沸点高,难挥发。如果加入量过多会导致漆膜流平差、干燥慢等问题,降低漆膜质量,所以必须科学设计、严格控制助剂添加比例,既要保证充分发挥其应有作用,也要避免产生其他副作用。需要注意的是,施工环境对于涂料中助剂的添加量也有一定影响,如果空气湿度过低,相对湿度达到30%,则容易出现成膜助剂挥发速度过快,成膜效果不理想的现象。通过摸索实践,成膜助剂添加量一般控制在 1% ~ 5% 最为适宜,涂膜性能和涂料施工性能都表现良好。

3. 2. 5　关于贮存稳定性的分析

涂料随着放置时间延长,内部会发生化学变化,引起性能质量降低,最终无法使用。所以,自评价涂料时,贮存稳定性是一个常规且非常重要的指标。涂料贮存稳定性除了受基料和溶剂的影响外,各种添加剂、助剂、填料等也是重要的影响因素。这些物质质量的高低,不仅会影响其在涂料中的添加比例、使用效果,还会对涂料贮存稳定性产生影响。防尘剂和填料的使用是我国涂料生产应用中的突出问题,不但影响涂料稳定性,还会影响到漆膜光泽度。在进行水性涂料研发时,必须细加分析,通过大量对比试验来确定哪些添加剂对特定涂料最适合,以及各种添加剂在涂料中的添加最佳比例。对于存在的各类问题,要采取有针对性的方法加以解决,比如水性环氧涂料中的颜填料分散情况比溶剂性涂料中的要差,容易发生聚集沉淀,可以通过添加水性膨润土膏加以改善。

3.2.6 关于涂料闪锈的分析

金属锈蚀本质上属于电化学反应。由于水性涂料中存在水分,在涂装后到漆膜完全干透的这段时间里容易出现闪锈现象,同时使用闪锈抑制剂和活性颜料是解决这个问题的主要方法。

纯环氧粉末涂料有着悠久的历史,其聚合物树脂主要由环氧树脂组成。环氧树脂是由含有两个或两个以上环氧基的脂肪族、脂环族或芳香族为主链的高分子预聚物,具有优异的附着力和耐腐蚀性[8],目前主要用于管道、船舶、电器绝缘等上的防腐[9]。张剑飞等[10]制备出新型的环氧树脂粉末涂料,研制的粉末涂料的生产工艺稳定,符合设计方案对防腐涂层性能的要求,产品性能与国外产品接近。

固化反应是粉末涂料应用过程中必不可少的步骤,粉末涂料的固化温度一般在180℃左右,并且只能涂在金属基材上[11]。随着节能减排要求的提出,粉末涂料的低温固化温度是大势所趋。周晓涛[12]等采用TC-125型固化剂与其他助剂混合,可实现120℃的低温固化,涂膜的各项物理性能良好。另外新型固化剂的开发对于降低环氧粉末涂料固化温度意义重大。2-甲基咪唑作为一种新型的固化剂,可将环氧粉末涂料的固化温度调整为130℃/15min 或 180℃/8min,同时能够解决涂膜固化过程中变黄的问题[13]。通过固化剂的改性、复配技术和开发新型固化剂等方法可以提高环氧粉末涂料的耐湿热性、柔韧性、绝缘性、阻燃性和防腐性等,扩大环氧粉末涂料的应用范围。

§3.3 水性防腐涂料

3.3.1 水性防腐涂料的分类

现代社会的发展,使各行业都有了长足的进步,高科技产品层出不穷,为人们的生活提供了极大的便利。近年来,随着石油资源日益短缺和人的环保意识不断提高,涂料行业也已经向环保和节约能源的方向慢慢发展,各类新型材料得到快速推广与应用,特别是融合了现代高科技的高固体分涂料、无溶剂涂料、水性涂料等成为涂料发展的主要内容,在众多涂料中,水性材料凭借自身安全性的优势,在涂料领域受到广泛研究与推广,成为行业的领军热点。我国海洋事业的发展,使船舶制造不断增多,国产化程度越来越高,在船舶生产过程中,为了保证美观,防止腐蚀,需要使用到大量涂料进行美化,要想使人们更加安全的体验,就需要在环保上下功夫,针对传统工业涂料施工不便、粘度较高、有机溶剂多等劣势,环保涂料有了更广泛的应用,传统材料在涂料施工时,需要长时间地进行干燥,这个环节中就会导致有机溶剂挥发,使资源浪费并污染了环境,不安全因素较多,火灾隐患的风险概率相当大,对施工与使用人员的身体造成危害,水性涂料已经完全代替了溶剂型产品,专门用在船舶涂装工程施工中,推广与使用对未来发展是有非常重要意义的[14]。

水性涂料由于构成的不同,可以分为水乳胶型涂料、水可稀释型涂料和乳液型涂料多种,不同的品种有不同的优点与特征。

(1)水乳胶型涂料

水乳胶型涂料制作较为复杂,主要是使用了树脂,通过乳液聚合的原理制作完成的。在当前,技术的更新与发展,乳液聚合技术有了全新的概念,其发展前景较为乐观,在不断发展过程中,已经被各行业普遍认可,技术在建筑、工业防护等诸多领域得到应用与推广,其延伸产品丰富多样。乳液聚合技术主要由均相乳液聚合和异相乳液聚合两种形态构成,第一种主要是通过一次性乳液聚合完成的;后一种是新的方法,虽然刚刚出现,但已经得到推广,是通过分步乳液聚合的方式完成的,这类方法理论上也叫作核壳结构乳液聚合法。合成的是丙烯酸酯乳胶涂料、苯乙烯丙烯酸酯涂料和与其相关联的改性品。杂化乳液聚合是20世纪90年代末发展起来的技术,可以说是树脂制备和改性技术的延展,通过乳液聚合和改性可以达到一步完成的效果。这类工艺的代表主要是改性树脂,包含环氧树脂、醇酸树脂、聚氨酯树脂等相关的产品[15]。

(2)水可稀释型涂料

水可稀释型涂料不能自身形成水溶解,需要使用树脂液等溶解,是高固体溶液,在材料制作中把各类不同颜料及助剂全面进行分散,保证均匀在材料中,这类溶液主要是能够在使用时借助水溶性等溶剂,通过盐基团作用融入水中。在能够融水的树脂材料中,主要是丙烯酸树脂、聚酯树脂、醇酸树脂、聚氨酯树脂、环氧树脂等,通过再加工利用,使树脂分子链产生变化,在分子结构中引入特定亲水基团,形成可以快速融解到水中的稀释涂料。在这类材料体系中,酸值高或亲水性基团多的树脂主要用于电泳底漆或浸涂烘漆,很少用于气干性涂料的相关制备。多数情况下是通过核壳结构制备酸值低的水可稀释性树脂。在制作过程中,把符合要求的树脂,比如说饱和聚酯、醇酸、聚氨酯等树脂进行制备,通过把酸值单体自由基的分散与聚合作用,保证接枝到所要达到的目标分子链上,利用胺中和原理,接枝树脂就能够在水中形成分散的效果,形成水融合。这种核壳结构自乳化技术是一种高科技技术,亲水基团含量能够大面积减少,核层和壳层还能在一程度上形成优势互补,确保了材料的稳定性与综合性,使材料性能更加稳固。

(3)乳液型涂料

乳液型涂料主要是把油溶性聚合物外加乳化剂通过机械的作用,进行强制分散,使其快速溶解到水中。传统的方法较为保守,乳化剂不参与成膜过程,主要是游离在漆膜中的一种形态,这样就会导致漆膜耐水和防腐作用无法发挥,性能不够良好。随着技术的更新与改进,乳化剂技术也有了全新的发展,通过反应型乳化剂的作用,大大提升了产品耐水性和防腐性。

3.3.2　水性防腐涂料在我国船舶涂装中的应用

传统的涂料对施工有一定的局限性,在船舶内舱进行施工,主要受到空间狭小、操作不便、通风不畅等的影响,使施工变得复杂化,在使用传统涂料施工时,由于材料的成分包含易燃物质,增加了施工中的危险系数,非常容易出现火灾和中毒事故,船舶的内部一般均是软包覆,这类包覆布和绝缘隔热材料多孔、粗糙,一般涂料一次无法全覆盖,对涂料吸收量大,涂料中的有机溶剂在施工不当时,还可能导致内部基材的封闭,施工完成后,舱室内长期存在涂料气味,不能快速挥发,导致人身体的损害,影响到了舱内人员的工作和生活。当前,普遍使用的是水性涂料,通过采用这类涂料,能够大大地提高施工效率,可以使涂装施工和其他施工交叉作业,保证了施工进度,水性防腐涂料在船舶内舱中的应用前景非常广阔。虽然当前普遍使用水性涂料,同时这类涂料又具备较好的优势,同溶剂型涂料相比,符合国家环保整体要求,同类产品市场中,产品质量不同,出现了参差不齐的现状,不同的产品有不同的特性,只有通过不断研究与开发,才能符合船舶使用。要通过严格的测试标准,才能满足使用要求,根据标准中规定,甲醛浓度不能超过 $1.0 \times 10^{-5}\,\mathrm{mg/m^3}$,这一项规定,就会过滤出不合格的产品,因此仅有极少数厂家的产品通过了相应的毒性试验要求。毒性试验按照 GJB 3881—1999《舰船用非金属材料毒性评价规程》进行测试,需要一个月左右的时间才能明确毒性试验结果,通过两个月毒性试验的能够在常规潜艇内舱进行涂装施工;通过三个月毒性试验的能够使用到核潜艇内舱涂装,所以为了保证涂料的可靠性,需要满足条件才能使用[16]。

§3.4　促进水性木器涂料

水性木器涂料是一种无刺激性气味、阻止燃烧、干燥速度快,成本低廉,更重要的是不会对环境造成严重污染。水性木器涂料主要利用天然或者人工合成的高分子聚合物以及无机材料制作成膜物质,同时添加各种颜料、助剂等的一种混合液体。水性木器涂料早在 20 世纪 90 年代就已经在我国出现,以其独有的特殊的环保特性而广受追捧。但是,当时水性木器涂料在我国的发展技术并不成熟,导致其造价较高,生产率却不高,所以,水性木器涂料遇到发展中的困境,也并没有预期中那样广泛应用在我国家具行业以及相关领域中。但是,随着水性木器涂料的技术不断发展成熟,如今我国家具行业以及其他相关领域中应用水性木器涂料的范围越来越广,并且,随着水性木器涂料的发展进步,也出现了一些环保涂漆,例如墙面涂漆、天花板涂漆等。这些生产生活中的涂漆也是利用和水性木器涂料基本相同的原理制作而成,确保在生产生活中使涂料对人体的伤害降至最低甚至消失,并且对环境和空气也有良好影响。

3.4.1　水性木器涂料的特点性能[17]

水性木器涂料根据成膜物质不同基本可以分成以下几个种类,它们都拥有水性木器涂料环保健康、使用方便、颜色保真度高、使用安全等基本特性,但是根据日常生产生活中的使用领域,它们也具有各自独有的特点和优势。

(1)纯丙乳液木器涂料

纯丙乳液木器涂料是完全使用丙乳液制作而成的,它的基本特点是:制造生产的成本较低,有一定硬度保证使用需求,耐磨耐损性较强,而且它的通透性好,透明度比较高,一般使用在原木色家具或者木制品的防护过程中。纯丙乳液木器涂料的耐化学品的性能也比较突出,但同时它对施工环境的要求较高:必须在合适的温度环境中使用,尤其是要避免低温环境,在低温环境中这种水性木器涂料的成膜性较差,会影响木制品涂漆效果。

(2)丙烯酸微乳木器涂料

丙烯酸微乳木器涂料主要的特征是表面张力较低,可以在木材表面有效地润湿、渗透、流平。在使用过程中,甚至可以渗透到木材的微细毛孔及细小管孔中。在一些形状复杂多样的基材表面使用这种水性木器涂料,可以有效地使被涂物漆膜均匀,有较好质量。同时,这种木器涂料还具有较好的柔韧性和抗冲击性,光泽度高,硬度以及耐磨性都相当不错,是一种较为常用和常见的水性木器涂料。

（3）自交联型丙烯酸酯乳液木器涂料

自交互联丙烯酸酯乳液木器涂料属于单组分涂料，主要特点是涂膜干燥快，透明性好，硬度高，施工简单方便，能够确保高效完成工作。这种木器涂料不仅可以在常温环境中工作，也可以在低温环境中工作，它具有较好的抗黏性以及较好的柔韧性。

（4）无皂乳液木器涂料

无皂乳液木器涂料可以使水性木器涂料具有较好的湿附着性、成膜性、干燥性以及流变性，并且无皂乳液木器涂料可以与颜料、填料较好相容，具有较强稳定性。因为这种涂料对基材的中涂层的附着力较好，具有较强的抗水解能力和抗起皱性能，一般这种水性木器涂料应用在对防水要求较高的木材施工中。

（5）有机硅改性木器涂料

有机硅改性木器涂料是一种较为新型的木器涂料，这种水性木器涂料可以增强漆膜在基材上的湿附着力，并且具有良好的透气性、滑爽性和耐污性。使用这种水性木器涂料形成的涂膜光泽高，耐候性能好，而且有较好的耐水性和耐化学品性。

3.4.2 水性木器涂料的发展趋势

虽然水性木器涂料在我国的发展受到不少挫折，但随着社会发展，人们对环保健康产品的迫切需求以及水性木器涂料本身的技术发展成熟，水性木器涂料在我国的发展有了较大提升。2012 年，我国水性漆年会进入第十个年头，这是水性行业进行技术交流的一大平台，对引领水性化技术的进步和发展有着不可替代的重要作用和影响。在水性涂料蓬勃发展的社会潮流中，水性木器涂料也取得了较快发展：我国出台相关政策促进推动水性木器涂料的发展,目前,我国家具行业中积极应用水性木器涂料保证家具的环保健康安全,广受人们欢迎[18,19]。

3.4.3 水性木器涂料应用

(1)要发现水性木器涂料现存的成本问题,以便得到改善,适应广阔的市场需求。水性木器涂料主要的问题是综合成本高,一些较小规模的木制品家具厂商为了追求更高的利益不愿意使用水性木器涂料。所以,水性木器涂料要改进生产方式和技术,降低综合成本,扩大市场。在这个创新研究过程中,必须是在保证水性木器涂料的质量和环保健康的基础上进行相关研究创新,改善水性木器涂料的问题,不能为了追求市场经济效益而采用不健康的有害物质材料进行研究,破坏水性木器涂料的环保特性。

(2)完善我国出台的相关水性木器涂料的标准。我国出台的关于水性木器涂料的使用标准并不符合实际:我国对水性木器涂料的 VOC 排放标准与国际相关标准限制相差较大,并且不具体规定各种不同使用领域中的不同标准。这在很大程度上限制水性木器涂料的应用发展。因此,我国相关部门要根据实际完善水性木器涂料的标准限制,规范水性木器涂料的应用市场。

(3)解决水性木器涂料发展过程中的封底涂料问题。目前,水性木器涂料在家具上进行使用时,必须利用封底涂料进行家具表面的封膜保护,否则水性木器涂料的家具表面不平整,影响美观。但是封底涂料长时间与木制家具接触,会渗入到木制家具中,对家具环境造成污染。因此,必须研制出适合水性木器涂料的封底涂料,减少环境污染,才能使水性木器涂料取得快速发展[20]。

（4）培养水性木器涂料应用的专业人才。水性技术的快速发展带来的是水性木器涂料的使用过程中缺乏专业的水性木器涂料工匠，而工匠的操作熟练度和技能熟练度在很大程度上会影响木制家具进行上漆工作时的涂料选择。并且因为水性木器涂料的专业操作人员缺乏，水性木器涂料的成本也会有所增加，不利于水性木器涂料的发展推广。因此，必须培养水性木器涂料操作人员的专业技能，降低人工成本。

水性木器涂料的发展已取得较大的进步，但是并没有实现水性木器涂料的全方位应用，这不仅仅是因为水性木器涂料不能完全适用所有木制品施工过程，还因为一些社会经济、法律等原因阻碍了水性木器涂料的发展。所以，要想使水性木器涂料继续发展，并向新的阶段迈进，除了水性木器涂料必须继续改进发展创新技术，开发出水性技术更广阔的应用功能之外，政府还要根据我国实际情况建立健全科学合理的法律法规体系或者相关的规章制度，推动我国水性木器涂料的发展[21]。

§3.5　水性聚氨酯涂料

聚氨酯含有强极性异氰酸酯基（—NCO）、—OH 以及脲基等，并且聚氨酯分子间能形成氢键，存在范德华力和较高的内聚力，对极性塑料表面具有很好的黏结力。对于非极性塑料（如 PE、PP），除了处理塑料的表面外，也可在聚氨酯树脂上接枝具有与这些非极性树脂相似的化学性质、表面张力和溶解度参数的链段[22]。按外观的不同，水性聚氨酯分为聚氨酯水溶液、聚氨酯水分散体和聚氨酯乳液。实际应用最多的是聚氨酯乳液及分散液，一般统称为水性聚氨酯或聚氨酯乳液。按组成有单、双组分水性聚氨酯之分，单组分属于热塑性树脂，聚合物在成膜过程中不发生交联,方便施工;双组分水性聚氨酯涂料由含有活泼—NCO 固化剂组分和含有可与—NCO 反应的活泼氢(羟基)的水性多元醇组成,施工前将二者混合均匀,成膜过程中发生交联反应,涂膜性能好。

3.5.1 单组分水性聚氨酯涂料

单组分水性聚氨酯涂料是水性聚氨酯涂料中最常见的一种,也是最常用的,具有高断裂伸长率(可达 800%)、适当的强度(20MPa)和常温干燥的优点。传统意义上的单组分水性聚氨酯涂料一般具有较低的相对分子质量或低交联度[23]。为了进一步提高单组分水性聚氨酯涂料的机械性能和耐化学品性能,可通过引入反应性基团进行交联或使用复合改性基料的方法来提高涂料的性能,选用诸如多元醇、多异氰酸酯和多元胺等多官能团化合物合成具有交联结构的水性聚氨酯分散体;添加内交联剂,如碳化二亚胺、甲亚胺和氮杂环丙烷类化合物;采用热活化交联和自氧化交联等,与环氧树脂复合,将环氧树脂较高的支化度引入到聚氨酯主链上,可提高乳液涂膜的附着力、干燥速率、涂膜硬度和耐水性能[24]。

3.5.2 双组分水性聚氨酯涂料

20 世纪 90 年代初,Jacobs 等成功开发出能分散于水的多异氰酸酯固化剂,从而使双组分水性聚氨酯涂料进入实用研究阶段,其具有成膜温度低、附着力强、耐磨性好、硬度高以及耐化学品性、耐候性好等优越性能[25]。为得到表观和内在质量均优的实用涂料,双组分聚氨酯水分散体涂料应满足:①多元醇体系应具有乳化能力,从而保证两组分混合后容易把聚氨酯固化剂(特别是未经亲水改性的固化剂)乳化,具有分散功能,使分散体粒径尽可能小,以便在水中更好地混合扩散;②固化剂的黏度要尽可能小,从而减少有机溶剂的用量,甚至不用有机溶剂,同时又能保证与含羟基的组分很好地混合[26]。如应用于汽车内饰件的涂装,鉴于单组分水性聚氨酯的附着力更佳,可采用单组分水性聚氨酯制作底漆和中涂,双组分水性聚氨酯作面漆和罩光漆[27]。

聚氨酯涂料是综合性能优良的涂料品种。因此,人们希望将聚氨酯的优良性能引入醇酸树脂中,用它改进醇酸树脂的物理机械性能、耐候性和耐化学腐蚀性。实际上,目前已形成产量大、性能介于溶剂型醇酸和双组分聚氨酯之间的一类涂料,即所谓的氨酯油或单组分聚氨酯涂料[28],而氨酯油的水性化则是当前研究的热点。

3.5.3　水性聚氨酯涂料制备[29]

在搅拌条件下,将温度控制在60℃,加入双酚S 25.0g(双酚S组)或者聚酯醇33.0g(聚酯二醇组),与六亚甲基二异氰酸酯20.2g充分混合,加入二月桂酸二丁基锡0.14g作为催化剂,反应1.5h,得到预聚体。在上述得到的预聚体中,加入扩链剂甲戊二羟酸1.64g,反应30min,然后加入7ml的二甲基亚砜,逐渐升温至80℃,反应1.0h后,加入适量的三乙胺进行中和,反应30min后,加入150g水,得到耐光性水性聚氨酯涂料。然后将得到的涂料均匀地涂到玻璃板上,100℃条件下,干燥8h,备用。

3.5.4　水性聚氨酯涂料耐黄变性能研究[29]

(1)色差分析

采用分光光度计对聚氨酯的耐黄变性能进行定量描述,通过色差值ΔE考量材料的耐黄变性,色差值越大,说明黄变越严重。通常,ΔE处于0~1.5是轻微黄变;ΔE处于1.5~3.0是可感黄变;ΔE处于3.0~6.0是明显黄变。

通过双酚 S 取代传统的聚酯多元醇或聚醚多元醇,制备出聚氨酯水性涂料,图 3 – 1 中的双酚 S 组,将双酚 S 组和聚酯二醇组分别经紫外老化 90min、150min、210min、270min、330min、390min、450min、510min、570min 和 630min,发现两组在 90min,其色差值就具有统计学差异($P <$ 0.05);随着老化时间的延长,两组的色差值具有显著差异($P < 0.01$),说明随着时间的延长,双酚 S 组的聚氨酯涂料显示出更加优异的耐黄变性能。

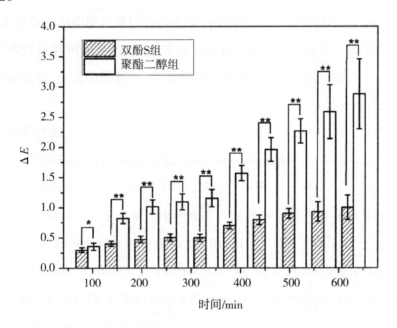

图 3 – 1   色差分析

(2)力学性能分析

参照国标 GB 1040 – 1992,对两种聚氨酯涂料的力学性能进行分析,首先对比分析两组的断裂拉伸强度,从图 3 – 2 中可以看出,在未进行老化处理前,聚酯多元醇组的拉伸强度比较高,具有显著的差异($P <$

0.01），表现出更好的拉伸强度；但是，经过紫外光的老化 96h 处理以后，两组材料的拉伸强度出现了反转，双酚 S 组的拉伸强度反而比聚酯多元醇组高，具有统计学差异（$P<0.05$），说明聚酯多元醇组的涂料最初的拉伸强度优于双酚 S 组，但是耐黄变性能较差，老化后，较双酚 S 组低。

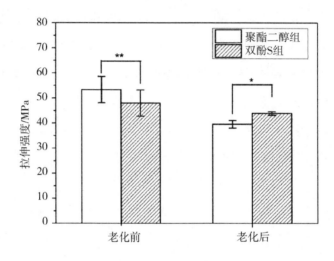

图 3 - 2　老化前后拉伸强度分析

　　与拉伸强度相一致，在断裂伸长率的数值上，双酚 S 组与聚酯多元醇组显示出相同的力学性能规律。如图 3 - 3 所示，在未老化处理前，聚酯二醇组具有更高的断裂伸长率，两组之间具有显著性差异（$P<0.01$），说明在没有紫外辐射的应用中，聚酯多元醇的力学性能更好；经过紫外光 96h 处理以后，双酚 S 组显示出更加优异的断裂伸长率，两组间具有显著性差异（$P<0.01$），说明双酚 S 组的涂料，更适合在经常暴露于光照的地方应用。

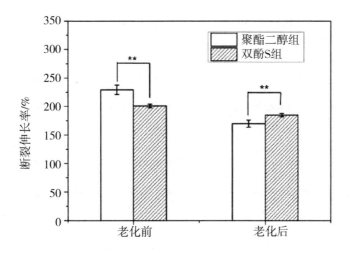

图3-3 老化前后断裂伸长率分析

除了拉伸强度和断裂伸长率,涂料的硬度在应用中,特别是皮革涂饰中也非常重要。聚氨酯涂料在老化的过程中,会伴随有分子量的交联,导致涂层变硬、开裂,影响皮革涂层的手感。通过对其硬度分析(见图3-4),发现在经过紫外光48h的处理后,两组材料在硬度上差异不明显,两

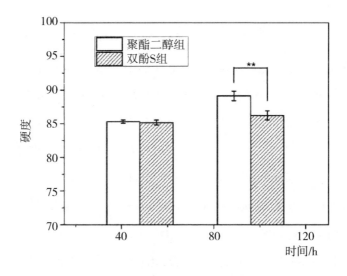

图3-4 不同老化时间硬度分析

组数据不具有显著性差异;但是,随着紫外光照的时间延迟,老化处理96h后,双酚S组的硬度明显低于聚酯多元醇组($P<0.01$),表现出更好的耐黄变性。

通过双酚S取代传统的聚酯多元醇或聚醚多元醇,成功制备了水性聚氨酯涂料。通过与传统的聚酯多元醇对比,分析其色差值、力学性能(拉伸强度、断裂伸长率和硬度),结果表明,双酚S聚氨酯水性涂料具有更好的耐黄变性能,在皮革涂饰材料当中,具有潜在的应用价值。

3.5.5 水性聚氨酯涂料的应用[30]

工业水性涂料应用面较为广泛,主要应用于交通运输、船舶、集装箱、军工等行业。对水性涂料的要求是对工业产品能起到保护和装饰的作用,还要求其具有无毒安全的环境友好性。WPU以其优异的理化性能,应用范围极广,成为当今涂料行业一个重要的发展方向。

(1)汽车涂料

大型交通工具如轨道车辆、城市公共汽车、大巴车等由于体积庞大、零部件及内饰件多、材质特殊,车身漆要求最好是常温自干、装饰性强。随着环保化成为汽车行业的主流,WPU以其优良的耐磨性、高弹性、高硬性及美观装饰性,在汽车涂料中得到了广泛应用。

汽车车身涂料由底漆、中涂漆和面漆构成。由于汽车车身对涂层的耐化学品性、耐盐雾性、耐候性和装饰性都有严格要求,在车身涂层上,相比性能稍差的单组分聚氨酯涂料,双组分WPU涂料及其改性产品就得到了更广泛的应用。

底漆是涂层的基础,要求物面附着力强,且对面漆的附着力、丰满度等方面均有很好的提升。樊小丽等[31]在各国已普遍使用阴极电泳底漆的背景下,指出 WPU 树脂电泳漆、聚氨酯改性水性树脂电泳漆和水性封闭多异氰酸酯树脂电泳漆将是 WPU 底漆的重点发展方向。中涂层是介于底漆与面漆之间的涂层,主要是起到一个承上启下的作用,要求同时与底漆和面漆均具有良好的配套性,其基料要求与其他涂层保持一致,WPU 坚硬与柔软并具的特性使其在中涂层上也有着应用的极大优势。面漆是汽车涂层的最终涂层,除了保护的功能,还要附加考虑其对汽车装饰性的要求,而双组分 WPU 的耐候性、耐化学品性、物理机械性以及美观性恰好满足了面漆的要求。

陈中华等[32]选用含羟基丙烯酸树脂 Bayhydrol A XP 2695 与异氰酸酯固化剂 Bayhydur XP 2655 制备双组分 WPU 汽车面漆,当 $n(—NCO)$: $n(—OH)$ 为 1.4 时,颜填料体积分数为 15%,润湿分散剂 TG270 和 TG755 配用,流平剂 TG700 和 BYK380N 配用,可获得综合性能优异的涂膜,满足汽车面漆的性能要求;涂料的适用期约为 4h。邱学科等[33]用实验找到合适的配方,即在 WPU 基料中加入合适的铝粉、珠光粉及流变助剂,成功地将其进行了优异改性,能满足 WPU 金属闪光漆的施工工艺。

(2)列车车厢涂料

随着我国高速铁路网建设的飞速发展,高铁车厢涂层的要求要比普通交通工具严苛得多。WPU 涂料的选料和制备更为复杂和严苛,各种基料、颜填料以及助剂的选择都至关重要,还需要更简化的制备工艺。刘成楼[34]对双组分 WPU 进行了改性,选择含羟基树脂水分散体与亲水性 HDI(1,6 – 六亚甲基二异氰酸酯)聚异氰酸酯固化剂组合体系为成膜物,以金红石型钛白粉、陶瓷微珠、绢云母、滑石粉等为颜填料,以纳米 SiO_2 为改性剂,配合多种功能助剂,制备了综合性能优异的双组分 WPU 高速列车车厢用中涂、面漆配套涂料。且鉴于其优异的化学性能,该配套涂料还可广泛应用于高铁、地铁车厢、汽车、风电叶片等涂装,具有广阔的市场前景。

邹启强等[35]以不同羟值水性丙烯酸树脂为主要成膜物质,添加助剂、颜填料、水等,制得了 WPU 亚光面漆的 A 组分,再以亲水亲油复合型的水性聚异氰酸酯加助溶剂为 B 组分(固化剂),施工时用水作稀释剂制成 WPU 亚光面漆,方便使用,后又通过在南非机车零部件上的应用研究,证明了 WPU 亚光面漆应用于轨道车辆车内及其配件涂装的可行性。

(3)风电涂料

风能作为一种清洁的可再生能源日益受到全世界的重视,我国风能资源极其丰富,风电行业正蓬勃发展。因风力发电站都地处室外恶劣的风场,因此风电涂料对耐候性、耐水性、附着力、防腐性甚至耐外力冲击的要求都很高。在这样的环境下,风电涂料的老化成为一种必然现象。

张静星等[36]总结了风电塔架水性防腐涂料的三层涂装体系:底漆采用水性环氧富锌防腐体系,中漆采用水性环氧厚浆体系,面漆采用 WPU 体系。可见作为面漆使用的 WPU 涂料的优异性能可满足风电行业的特殊要求。而通过对不同条件下涂料的老化性能的研究,探究其老化规律与机理,得出结果为电气石的加入不影响在各个老化方法下的老化趋势,但是由于电气石释放负离子,会使老化过程进行较慢。这可作为改性风电涂料用 WPU 涂料的研究方向之一。S. Bhargavaa 等[37]对水性脂肪族聚氨酯基涂层进行了加速紫外线(UV)、水和热的老化试验,分析影响涂料耐久性的因素,探讨涂料老化的根本原因。研究表明,在 UV 下会产生 CO、NH、CH 等官能团,是由于在涂层中的聚氨酯黏合剂的断链的降低。而对水和热的降解机制的调查表明,水的渗透等物理影响是涂料降解的主要原因。总体而言,对涂料老化性能的研究对于改进涂料的耐久性有一定的借鉴意义。

(4)军工涂料

国防军工行业对工业涂料的要求通常比普通工业涂料高,因此水性涂料高性能化的改进变得尤为重要。野战输油管道是军事作战中必不可少的装备,亓云飞等[38]重点研究了WPU涂料作为近红外伪装涂料的使用,指出了影响WPU近红外伪装涂料性能的因素,即需要光谱发射率较低的水性成膜物质,还需要考虑颜填料和助剂的配比问题,并提出未来野战输油管道涂料的研制发展方向:一方面找到合适的施工方式,以提高改性聚氨酯水性涂料涂膜性能,使伪装性能持久;另一方面现今的伪装涂料正向多波段兼容发展,可尝试采用多颜料搭配制备多波段兼容的WPU伪装涂料,这具有很大的参考价值。

陶启宇等[39]用聚碳酸酯二元醇(PCDL)和异佛尔酮二异氰酸酯(IP-DI),以二羟甲基丙酸(DMPA)为亲水扩链剂,三乙胺为成盐剂,乙二胺(EDA)为二次扩链剂,采用自乳化法合成了低红外发射率的聚碳酸酯基WPU涂料,在 $8 \sim 14\mu m$ 红外波段涂层基本透明,红外发射率可低至0.825,涂膜综合性能良好,可以应用于隐身涂层。

§3.6 水性丙烯酸酯类涂料

3.6.1 丙烯酸酯涂料的发展史[40]

以丙烯酸酯或甲基丙烯酸酯为主要原料的树脂称丙烯酸树脂,由丙烯酸树脂为主要基料的涂料属丙烯酸酯涂料。丙烯酸单体种类繁多,可以合成性能各异的树脂,已满足涂料的要求,现仍有新的丙烯酸酯单体面市,使丙烯酸酯涂料领域不断拓宽,新产品层出不穷。在日本,20世纪50年代,溶剂型热塑性丙烯酸涂料工业化,60年代热固性丙烯酸酯涂料用于汽车涂装。

在我国,20世纪60年代开始开发丙烯酸酯涂料,70年代开始广泛研究,80年代由于北京化工厂丙烯酸装置的投资,使我国丙烯酸酯涂料的发展创造了有利条件。90年代,吉化和上海高桥的丙烯酸装置的投产,使我国丙烯酸酯涂料工业出现突飞猛进的发展。到20世纪末,20年间我国丙烯酸树脂漆增长了20倍。30多年来世界各国对丙烯酸酯涂料进行了全面开发,是丙烯酸酯树脂系列涂料继醇酸树脂涂料之后,成为又一类通用性很强的合成树脂涂料。几十年前就有人预言,丙烯酸酯树脂在涂料中的地位,总有一天会超过醇酸树脂,现在这一预言早已成了现实。在发达国家中,丙烯酸酯树脂涂料的产量已稳居合成树脂涂料的第二位,而且丙烯酸酯在涂料中的应用领域不断拓展,用量迅速增加。丙烯酸酯树脂涂料已进入了涂料的各个应用领域。丙烯酸酯树脂涂料首先是用于工业涂料,在汽车、飞机、家具、罐头、机械等领域得到广泛应用,而后在建筑物的内外墙装饰中丙烯酸酯乳胶漆不仅性能优异、易于施工应用,又是环境友好型涂料,必然成为内外墙主导品种。随着塑料工业的发展,塑料制品日益增加,为了提高塑料物件表面的装饰和防护性,给两种酸酯涂料提供了另一应用领域。丙烯酸酯乳液型防腐蚀领域底漆的出现,标志着丙烯酸酯树脂涂料已进入金属防腐蚀领域,并使之水性化。特种涂料或功能型涂料中,如海洋船舶的防污涂料、通信用光导纤维涂料等中丙烯酸酯树脂均发挥优异作用。

丙烯酸酯单体可以制备各种形态的涂料,首先是以溶剂型涂料问世,随着环保型涂料的发展,水性涂料、高固体分涂料、辐射固化涂料、粉末涂料等已成为发展趋势。丙烯酸酯涂料可用其他树脂进行改性,大大拓宽了丙烯酸酯涂料的应用领域。与此同时,发展高性能丙烯酸酯涂料也成为一种发展趋势。如有机硅改性溶剂性丙烯酸酯涂料,可以提高汽车面漆的耐擦伤性、耐酸雨性;全氟丙烯酸酯引进丙烯酸酯共聚物,进一步提高丙烯酸酯涂层的耐久性、降低表面能等。由于丙烯酸酯单体的多变性,与其他涂料树脂很好的混溶性,已成为涂料工业中全能的通用型涂料。

3.6.2 丙烯酸树脂

丙烯酸树脂是指丙烯酸酯或甲基丙烯酸酯的均聚物和与其他烯类单体的共聚物。与其他合成高分子树脂相比,丙烯酸树脂具有很多突出的优点,如优异的耐光、耐候性,户外暴晒耐久性强,耐紫外光照射不易分解和变黄,能长期保持原有的光泽和色泽,耐热性好,在170℃温度下分解、不变色,在230℃左右或更高温度下仍不变色,色浅,水白透明,耐腐蚀,有较好的耐酸、碱、盐、油脂、洗涤剂等化学品玷污及腐蚀性能,极好的柔韧性和最低颜料反应性。因此,在汽车、家电、金属家具、卷材工业、仪器仪表、建筑、纺织品、木制品、造纸、塑料制品等工业有着广泛的应用。根据选用不同的树脂结构、配方、生产工艺以及溶剂和助剂,丙烯酸树脂涂料可分为溶剂型、水分散型、水稀释型和粉末型几大品种。

3.6.3 丙烯酸树脂的合成

合成丙烯酸树脂的基本反应为自由基反应,分为链引发、链增长、链终止三个基本过程,并伴随链转移过程。在热塑性丙烯酸树脂合成过程中,分子量和分子量分布的控制至关重要。虽然分子量增加,漆膜机械性能增加,但溶液粘度也随之增加,结果固体含量降低,同时分子量太高又可能导致溶解性太差。另外,溶液粘度受高分子量部分影响尤为明显。

分子量分布越窄越好。商业上热塑性丙烯酸树脂分子量通常为80000～90000。分子量和分子量分布还与引发剂的类型、溶剂结构、单体加料方式等有关。例如,以过氧化苯甲酰(BPO)为引发剂时,由于苯甲酰自由基分解为高活泼型自由基,容易夺取单体或聚合物分子链上的氢原子而导致支化,尤其是当温度超过130℃时,导致大量的支链,因而分子量分布增大。而以偶氮二异丁腈(AIBN)为引发剂,自由基的活泼型不及苯自由基,因此支化程度大为减少。这也是为什么合成丙烯酸树脂中优丝用AIBN作引发剂不用BPO原因之一;原因之二是前者的聚合物端基为$(CH_3)_3C$—,户外耐久性好,而BPO引发的聚合物端基为C_6H_5—,因而户外耐久性差;原因之三是BPO分解产生的自由基为C_6H_5COO—和C_6H_5—,二者容易发生偶合反应,使至少一半的自由基失活。

此外,单体的加料方式是另一重要的影响因素。间歇式加料法得到的分子量分布宽,通常采取半连续滴加法或连续滴加法已得到窄分子量分布的树脂。一般是将溶剂先加入反应釜并加热至反应温度,然后以一定的速度滴加单体、溶剂和引发剂的混合溶液,以尽可能维持反应釜中的单体浓度和引发剂浓度为常数。若加入单体的速度可维持聚合温度,那么反应釜中单体浓度基本上为常数。对于烯类单体的共聚物反应,还必须考虑各单体的竞聚率。假如各反应速率常数近似,则单体进行无规共聚,分子链结构也为无规分布;但若反应速率常数差别较大,间歇式加料法将导致分子链组聚成不均匀,开始形成的分子链含很多活泼单体单元,反应后期形成的分子链则含活泼性差的单体单元多,但采用半连续滴加法或连续滴加法,小心控制单体的滴加速度等于聚合速度,则可以得到与投料比相应的平均组成的分子链。

3.6.4 丙烯酸酯涂料的主要性能

丙烯酸酯涂料石油丙烯酸酯或甲基丙烯酸酯的聚合物制成的涂料，这类产品的原料是石油化工生产的，其价格低廉，资源丰富。为了改进性能和降低成本，往往还采用一定比例的烯烃单体与之共聚，如丙烯腈、丙烯酰胺、醋酸乙烯、苯乙烯等。不同共聚物具有各自的特点，所以，可以根据产品的要求，制造出各种型号的涂料品种。它们都有很多共同的特点。具有优良的光泽，可制成透明度极好的水白色清漆和纯白的白磁漆。耐光耐候性好，耐紫外线照射不分解或变黄。保光、保色，能长期保持原有光泽。耐热性好。可制成中性涂料，调入铜粉、铝粉，则具有金银一样光耀夺目的色泽，可耐一般酸、碱、醇和油脂等。长期贮存不变质。

3.6.5 水性涂料的应用特性

水性涂料工艺技术是近20年才逐步发展起来的。由于它们的工艺技术日益成熟，符合环保、节能的要求，很快成为现代涂料一个重要的发展方向，到目前已形成一个多品种、多功能、多用途、庞大而完整的体系。在目前开发的水性涂料中，从固化温度来看，国外已有一些品种的乳胶漆能在2℃这样低的温度下固化；另有一种含活性颜填料水性环氧涂料品种，能在−3℃时使用，可用于船体船壳上；还有一种水性快干型低污染有光涂料能在5℃相对湿度为85%环境下仅0.5min干燥，该涂料耐久性、耐水性和耐碱性等性能均优，且防藻、防霉、低臭味。从应用范围来看，建筑涂料的应用最广，现已开发成功水性聚氨酯涂料、有机硅改性丙烯酸乳胶漆以及水性氟涂料等。它们的耐候性能及其他所需要的性能均上了档次，木器用涂料方面也有水性丙烯酸和水性聚氨酯等涂料，其性能也相当不错。此外水性涂料还将用于汽车、船舶内装饰等方面,甚至桥梁等钢结构上。在水性涂料中应用最多的是丙烯酸酯类,其在使用中显不出以下的优良性能:防腐、耐碱、耐水、成膜性耐水、成膜性好、保色性佳、无污染等,并且容易配成施工性良好的涂料,涂装工作环境好,使用安全。

3.6.6 水性丙烯酸酯涂料的常见种类

(1)水性丙烯酸酯防腐涂料

全世界每年因腐蚀而造成的损失高达 1000 多亿元,涉及化工、石油、搬输、机电、矿山、冶金、建筑、食品、轻工等行业的各个领域,因此必须采取有力措施来防止腐蚀,而这些措施中,用涂料进行防腐蚀最为经济、实用和方便。从绿色环保出发冰性防腐涂料将是防腐涂料的发展方向。冰性防腐涂料是水性防腐涂料的一个重要分支,它分为无机型和高分子型。其中高分子型水性防腐涂料主要又分为水分散型和水乳胶型。工业上用得最广泛的水性环氧涂料是由憎水性环氧树脂和亲水性胺功能固化剂所组成的。该涂料的环氧树脂多为双酚 A 环氧树脂,很少采用双酚 F 和环氧线型酚醛树脂。其对钢材、水泥的附着力优异,同时在大多数情况下,对铝材、不锈钢,包括对已完全固化的旧漆膜也有良好的附着力。如果施涂较薄的漆膜,还可以用于干杂潮湿的表面。但其黏度大,施工不方便。如果以丙烯酸树脂乳液等作为主要成膜物,辅以环氧树脂、醇酸树脂等改性剂,则可以克服以上不足,其产品性能可接近溶剂型防腐涂料的性能。其原理是在涂布后,利用丙烯酸的羧基和环氧树脂的环氧基之间发生的交联反应,使涂料固化、成膜,涂膜兼有丙烯酸树脂和环氧树脂的优点,既具有良好的耐腐蚀性、耐水性、耐热性、耐光性,又具有良好的附着力、耐溶剂性、低 VOC 含量、气味小、施工工具可用水清洗等优点。其应用范围已逐步扩展到桥梁、管道、集装箱、工业厂房和公共设施的钢结构。

（2）水性丙烯酸酯防锈涂料

据统计,我国每年仅金属锈蚀损失就高达 100 亿～150 亿元,长期以来我国主要使用溶剂型防锈涂料来保护金属。而溶剂型防锈涂料是以醇酸或苏氨酸树脂为基料,有毒、易燃、成本高且只有单一的防锈功能,水性防锈涂料能有效地克服溶剂型涂料的缺点,符合当今涂料的发展方向,水性防锈涂料是一种稳化型防锈涂料,兼有稳定防锈涂料和转化型防锈涂料的优点。该涂料是以聚丙烯酸酯液为主要成膜物质,氧化铁红为主要防诱颜料,加入转化液稳化剂等功能性成分而研制成的一种适合于钢铁防锈的新型涂料,其作用原理为一方面依靠活性颜料和稳化剂在涂膜形成后通过缓慢的水解作用产生络合阴离子,络合阴离子再与活泼的铁锈形成难溶的杂多酸络合物,以达到稳定锈蚀的目的;另一方面依靠转化剂与铁锈起化学反应,使有害的铁锈转化为无害的或具有保护作用的络合物黏附在钢铁基体上,形成具有一定附着力的保护膜。该涂料具有自干快、无毒、不燃、储运及施工安全可靠等特点,其附着力、耐冲击性、耐候性、耐热性、耐腐蚀性、耐沾污性、耐水性、耐油性等性能也均优良。

（3）水性丙烯酸酯外墙涂料

建筑涂料在涂料工业中占有很重要的地位。随着现代高层建筑的兴起,对建筑涂料的耐热性、耐污染性要求也逐渐提高。基于安全、方便等因素考虑,玻璃幕墙将会减少直至被禁止,越来越多的外墙将会采用涂料装饰。近 20 年来,国外外墙涂料使用量迅速增长,美国、西欧及地中海沿岸国家的建筑外墙 90% 左右用建筑涂料装饰,国外使用的外墙涂料品种繁多、性能好、质量优,且大多为乳液涂料,其主要组成为有机高分子化合物,如丙烯酸酯聚合物、聚氨酯、丁苯胶乳等,其中丙烯酸酯聚合物类涂料用量最大,外墙涂料质量的好坏主要取决于基料的性质。目前外墙涂料向着高性能、水性化方向发展,其中主要是乳液外墙涂料,其基料则为乳液。前几年我国引进、开发了苯丙乳液外墙涂料、纯丙乳液外墙涂料,并得到了较好的应用。但其耐候性、耐污性等性能较差,影响其推广使用。近期我国开发出了有机硅改性丙烯酸酯树脂共混乳液外墙涂料,其主链为丙烯酸树脂,固化后可生成结合能很大的硅氧键,因此具有超耐久性能,而且其涂膜的表面能很低,不容易污染,其性能可与价格昂贵的氟树脂涂料相媲美,是理想的外墙涂料品种,现已在许多领域取得了较好的应用效果。从世界范围来看,欧美、日本等发达国家最近又开发出了新品种,称为弹性外墙乳液涂料,它能阻止水和二氧化碳及其他有害物质进入混凝土基材,而允许水汽的渗透。施工后,涂膜能承受混凝土基材浅表裂缝,在很宽的范围内能伸展收缩,故涂层至少能使用 10 年,涂层厚度可达 250μm 以上,延伸率为 300% ~ 700% ,即使在冬季涂层也具有一定的柔软性及弹性,耐污性也很好。其基料为氨基甲酸酯/丙烯酸酯复合高分子乳液,与丙烯酸酯聚合物乳液涂料相比,涂膜的强度为其数倍,低温延伸率优良。涂膜的耐候、耐污性及与底材的附着力强,作为弹性外墙乳液涂料。具有丙烯酸酯聚合物乳液涂料所不能达到的性能,甚至可以和溶剂型涂料相媲美。

(4)水性丙烯酸酯木器涂料

随着人民生活水平的提高,环保意识的增强和社会发展的需要,水性木器涂料的应用也越来越广,木器涂料不仅有装饰美化作用,而且对木材有很好的保护作用,延长其使用寿命。传统木器漆均以甲苯、环己酮、丙酮、汽油和醋酸丁酯等为溶剂并加以铅类助剂所组成,这些有机溶剂和助剂在生产、施工和成膜后的较长时期内,仍会不断释放出有害物质。水性木器涂料的关键在于其基料乳液的制备,其中由苯乙烯－丙烯酸单体共聚的聚合物乳液,因其成本低、玻璃化温度高、硬度高,多用作木器打磨底漆,也用于要求不高的装饰性涂料或临时保护涂料。目前水性木器涂料的合成技术已由传统的单向聚合法发展为多种成熟的技术,包括单向/多向(嵌段型)、自交联型、无皂聚合物型及含—OH 的双组分丙烯酸类等。通过改变树脂的粒子结构,为漆膜提供了更好的性能,有效降低了成膜助剂的用量;提高硬度和抗粘性;提高对底材的附着力,可以得到高品质木器漆。特别是采用常温自交联乳液,在提高干燥速度及抗粘性等方面都有突破性的进展。例如,新开发出一种无表面活性剂的核-壳丙烯酸乳液,其 VOC 接近零,且具有较好的成膜性。由于该乳液没有使用表面活性剂,为解决制漆及施工时出现的气泡问题提供了一种捷径。用丙烯酸酯改性的水性聚氨酯乳液,用其配制的水性木器涂料,光亮丰满,既可打磨抛光成悦目的外观,也可配制成雅致的亚光漆。具有耐热和耐溶剂的性能,既不易燃烧蔓延,又耐寒不裂。两类乳液复配以后,又可以得到不同性能的多种水性木器涂料产品,可广泛用于地板漆,甚至于塑料的涂装。

(5)水性丙烯酸酯纸品上光涂料

水性纸品上光涂料是随着印刷包装材料上光要求的提高和人们环保意识的增强而出现的一种新型上光涂料,具有高光泽、优良的耐磨性、耐候性及低 VOC,特别适用于食品、医药、香烟、化妆品等包装印刷品的表面装饰。它能赋予印刷品表面光亮、平滑、色泽鲜艳等特点,既提高了印刷品的装饰效果,又能起到耐磨保色、保光、防潮、防霉和防污等保护作用。目前,国内外纸品上光涂料大多采用混合醇类或芳香烃类作为溶剂的聚甲基丙烯酸酯。因其刺激性气味大,特别是芳香烃类溶剂有毒,除严重污染环境外,对人体健康也会造成很大的危害。随着人们环保意识的日益增强,无毒、无味的纸品上光水性涂料应运而生。如以多种丙烯酸酯单体共聚树脂为基料,用水和乙醇作为溶剂,添加增强剂和润滑剂等助剂性能指标接近溶剂上光涂料的低温快速固化的水性纸品上光涂料,具有无毒、透明度高、光亮、耐磨、柔软性好和附着力强等特点。

(6)水性丙烯酸酯路标涂料

随着我国公路建设的快速发展,特别是城市道路、高速公路的发展,对路标涂料要求也越来越高,以往采用的醇酸涂料、氯化橡胶涂料、双组分环氧涂料、石油树脂涂料、松香改性树脂涂料,因其本身固有性能的不足,需求量日益减少。近年来,以丙烯酸树脂为基料的涂料已成为路标涂料的主要品种。例如,由我国武汉双虎涂料集团研制的一种路标涂料,以丙烯酸树脂拼用高氯乙烯树脂作为主要成膜物质,加入颜填料、各种助剂经混合研磨而成。这种路标涂料既具有丙烯酸涂料良好的保色、耐碱、耐水、成膜性和附着力,以及高氯乙烯树脂的防腐、防酸性;又克服了丙烯酸树脂释放溶剂、干透性差,以及高氯乙烯树脂附着力差、质硬性脆的缺点,兼具丙烯酸涂料和高氯乙烯涂料的优点,现已获得了广泛的应用。

§3.7 水性丙烯酸酯涂料改性

3.7.1 高吸水性丙烯酸树脂的制备及性能研究[41]

高吸水树脂(super absorbent polymer)是一类可吸水并保存自身重力百倍或上千倍的高分子化合物,具有高吸水性、高保水性、高膨胀性、吸氨性以及安全无毒等优点。近年广泛应用于卫生用品、医学材料中,在化妆品、工业上也有广阔的应用前景[42-44]。殷榕灿等[41]采用水溶液聚合法合成丙烯酸酯高吸水性树脂,过程简单无污染,避免了改性高分子吸水树脂生产成本高、有毒副作用的缺点。本工艺合成的树脂在去离子水中吸水率为1132g/g,在0.9%盐水中吸水率为105g/g,具有较高的吸水性能。高吸水性树脂吸水前高分子以固态网络呈现,当接触到水后,分子链上的亲水基团与水分子相互作用,使得网络扩张,水分子进入网络,从而达到吸水的目的。高分子树脂吸水率受聚合物自身分子结构影响较大,而分子结构则与交联剂、引发剂的种类与用量有密切关系,同时还受到单体浓度和中和度的影响[45]。

(1)交联剂用量对吸水率的影响

实验交联剂采用 N,N′-亚甲基双丙烯酰胺(NMBA),NMBA 分子中具有两个双键,在引发剂作用下,双键被引发,可以有效地将线型的聚丙烯酸钠交联成立体网状结构,从而起到吸水作用。同时 NMBA 也具有亲水基团,还能增强聚合物的吸水。

由图 3-5 可以看出,无论是在去离子水中还是 0.9% 的 NaCl 溶液中,随着 NMBA 用量的增加,树脂的吸水/盐率先增大,在 NMBA 用量为 0.04% 的时候吸水率达到最大,吸水率为 425g/g,吸盐率为 21g/g;当 NMBA 的用量继续增加时,吸水率反而有所下降。这是由于在交联密度较小的情况下,聚合物不能形成立体网状结构,多以线形分子形式存在,宏观上表现为水溶性。随着交联密度的上升,聚合物网络的逐步形成,水分子向高分子网络中渗透,当高分子网络全部展开时,吸水率达到最大。随着交联密度的增加,高分子网络结构中的交联点也增加,网络相对变小,故吸水能力下降。可以看到同一树脂的吸盐率比吸水率大幅下降[46],这是因为,在电解质溶液中吸水组分容易和电解质中的正负离子耦合,与水形成的水和作用就少了,吸水树脂的高分子链撑开比较小,形成的渗透压就小,故吸水率不高。

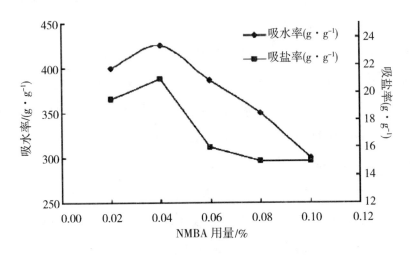

图 3 - 5　NMBA 用量对吸水/盐率的影响

（2）引发剂用量对吸水率的影响

在自由基聚合中,引发剂的含量对分子量有较大影响。由图 3 - 6 可看出,引发剂 $K_2S_2O_8$ 用量增加,吸水倍率先增加后减小。在引发剂用量为 4% 的吸水率达到最大为 590g/g,吸盐率为 35g/g。引发剂含量较少时,单体转化率较低,形成的大分子较少,无法构建有效的吸水网络;另外,体系中残存的丙烯酸单体会与交联剂反应,影响了大分子的交联效率。当引发剂含量高于 4% 时,反应过程中产生大量的活性中心,它们相互碰撞耦合;形成大量分子量较低的分子,同样无法构筑有效的吸水网络。

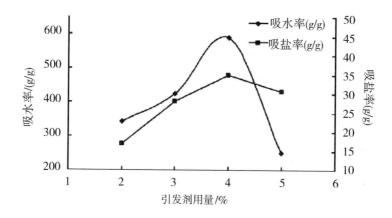

图3-6 引发剂用量对吸水/盐率的影响

（3）中和度对吸水率的影响

合成吸水树脂的过程中加入 NaOH,会使—COOH 转化为—COO-Na。—COONa 遇水解离,形成大量—COO⁻离子,离子间相互排斥力增大,使聚合物网络得到扩展,亲水性能大幅提高。吸水倍率随中和度的增大而增加,在40%时达到最大为711g/g;而后逐渐减小。吸盐率保持相同趋势,在中和度40%时为76g/g。这主要是由于中和度较低时,体系处于酸性条件,丙烯酸的自聚能力大于丙烯酸钠[47],高分子链上的—COOH含量较多,而亲水性较强的—COONa含量较少,高分子产物遇水(盐)后,网络不能够有效地伸展,从而使吸水(盐)率相对较少。当中和度过大时,高分子网络上的－COO⁻含量较大,离子间的静电斥力相对较多,使得立体网络结构相对不稳定[48],水分不能很好地被束缚在网络内部,表现出吸水(盐)倍率下降的趋势,如图3-7所示。

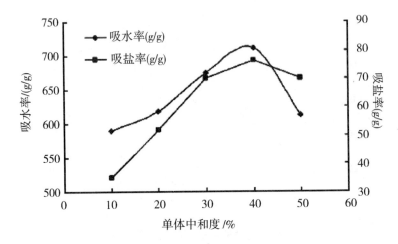

图 3 - 7　单体中和度对吸水/盐率的影响

（4）单体浓度对吸水率的影响

在水溶液聚合过程中，聚合反应过程非常剧烈，反应单体总浓度主要影响反应的剧烈程度和高吸水树脂的分子量大小。一般来说，单体浓度较低的时候，聚合形成的高分子产物分子量偏低，产物也会部分溶于水，导致吸水倍率偏低。当单体浓度过高时，形成高分子产物交联密度增大，暴聚从而使产物的吸水率降低[49]，如图 3 - 8 所示。

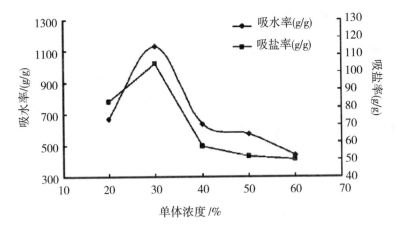

图 3 - 8　单体浓度对吸水/盐率的影响

从图 3-8 中可以看出,聚合单体浓度是 30% 时合成后吸水树脂的吸水率及吸盐水率最高,分别是 1132g/g 和 105g/g。从图中可以看出当单体浓度增加时,吸水树脂的吸水(盐)率会逐渐升高,由于随着单体浓度的增加,聚合及交联反应相对容易发生,聚合物的分子量逐渐增加,交联后产生可以形成足够的微孔来容纳水分子。当单体浓度达到 30% 后,随着单体浓度的增加,吸水树脂的吸水(盐)率反而逐步降低,由于单体浓度较高时,单体之间倾向于发生自交联反应,引起交联过度,导致聚合物吸水(盐)率降低。

3.7.2 正硅酸四乙酯用量对丙烯酸酯水性分散体和相应水性漆性能的影响[50]

近年来,随着人们对生活生产环境的日益重视和可持续健康发展的需要,对环境友好型产品的需求越来越多。传统的溶剂型涂料释放的可挥发型有机化合物(VOC)是现代社会中的重要污染源[51]。排放到空气中的 VOC 通常有刺激性气味,能够被人直接吸入体内或者刺激眼睛、皮肤等,造成身体的严重损伤和精神的折磨。水性涂料以水作为溶剂,因此减少了污染物有机溶剂的排放,具有使用安全、节约能源和减少碳排放的优势,极大程度上减少了对环境的污染等,因而水性涂料已经成为当今涂料工业发展的主要方向。其中,水性丙烯酸树脂涂料由于具有耐候性好、硬度高、附着力强等优点而成为发展最快、品种最广的环保型涂料[52-55]。水性丙烯酸酯作为水性涂料的一种成膜物质,其性能在很大程度上影响着水性丙烯酸酯涂料的性能。目前,水性丙烯酸树脂的研究主要注重各种单体的用量、引发剂的选择与用量、交联剂的选择等[56-58],而对于外加助剂对性能的影响报道则较少[59]。我们采用在丙烯酸树脂聚合过程中引入正硅酸四乙酯对水性丙烯酸树脂进行改性。因为引入的正硅酸四乙酯在水溶液中漆膜干燥过程能够原位水解形成纳米 SiO_2 微粒,这些 SiO_2 微粒可以被引入到丙烯酸树脂聚合物中,以填补聚合物分子中的空隙,以此来提高丙烯酸树脂的各方面性能。

纳米 SiO_2 在丙烯酸酯水性分散体中分散的可能结构见图 3 – 9。结果表明,正硅酸四乙酯加入量为 40g 时,所得到丙烯酸树脂水性分散体和相应水性漆在抗冲击性能、硬度、附着力和耐水性方面的综合性能最好[50]。

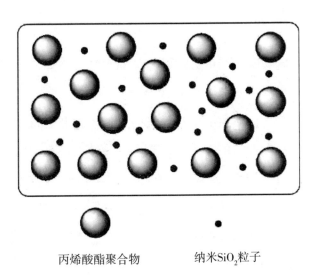

丙烯酸酯聚合物　　　　纳米 SiO_2 粒子

图 3 – 9　纳米 SiO_2 在丙烯酸酯水性分散体中分散的可能结构示意图

(1)树脂的抗冲击性能

表 3 – 3 显示了添加不同量正硅酸四乙酯后树脂漆膜的抗冲击性能。由表 3 – 3 可知,加入正硅酸四乙酯的抗冲击性能正反面都为 300g、10cm,加入正硅酸四乙酯后,其抗冲击性能有略微的提升。其中加入量为 40g 时,丙烯酸酯水性分散体漆膜的抗冲击性能较好,正反面分别为

300g、25cm 和 300g、20cm,比没有使用正硅酸四乙酯所得到的树脂漆膜性能略微有所提高。总体看来,正硅酸四乙酯的加入对树脂漆膜的抗冲击性能影响比较小。

表3-3 树脂漆膜的抗冲击性能(1/4 槽)

正硅酸四乙酯加入量/g	抗冲击性能			
	正面		反面	
0	300g	10cm	300g	10cm
10	300g	15cm	300g	10cm
20	300g	20cm	300g	20cm
30	300g	15cm	300g	10cm
40	300g	25cm	300g	20cm
50	300g	15cm	300g	15cm

(2)树脂的硬度、附着力和耐水性变化

表3-4 显示了添加不同量正硅酸四乙酯后树脂的硬度、附着力和耐水性。

表3-4 树脂漆膜的硬度、附着力和耐水性

正硅酸四乙酯加入量/g	附着力/级	硬度	耐水性/h
0	1	H	9
10	0	H	11.5
20	2	H	12.5
30	2	H	15
40	1	2H	16.5
50	2	HB	13.5

由表3-4可知,正硅酸四乙酯加入量为10g时,附着力可以达到零级,再增加正硅酸四乙酯的量,附着力下降或者不变。加入正硅酸四乙酯

的量为40g时,漆膜的硬度达到2H,相对于没有添加正硅酸四乙酯的树脂漆膜硬度增加了。然而,当添加量为50g时,硬度反而下降,从H降低到了HB。加入正硅酸四乙酯以后,漆膜的耐水性有明显的提高,其中当加入量为40g时,漆膜的耐水性最好,可以达到16.5h。

(3)水性漆的抗冲击性能

表3-5显示了调漆后水性漆的抗冲击性能。

表3-5　水性漆的抗冲击性能(1/4槽)

正硅酸四乙酯加入量/g	抗冲击性能			
	正面		反面	
0	500g	25cm	500g	30cm
10	500g	40cm	500g	30cm
20	1000g	15cm	1000g	20cm
30	500g	20cm	500g	15cm
40	1000g	45cm	1000g	35cm
50	500g	30cm	500g	25cm

由表3-5可知,相对于未调漆的树脂,其抗冲击性能有明显的提高,皆达到500g、15cm以上。当正硅酸四乙酯加入量为40g时,漆膜的抗冲击性能正反面分别达到1000g、45cm和1000g、35cm,这比没有使用正硅酸四乙酯的水性漆漆膜抗冲击性能提高了很多,这也充分说明了正硅酸四乙酯在水性漆中起到了大幅度提高抗冲击性能的作用。当正硅酸四乙酯用量为10g和50g时,漆膜的抗冲击性能变化很小,而当用量为20g,30g时,漆膜的抗冲击性能不但没有提升,反而有所下降。这说明正硅酸四乙酯的用量对水性漆的漆膜性能起到了至关重要的作用。

(4)调漆后水性漆的附着力、硬度和耐水性

调漆后水性漆漆膜的附着力、硬度、耐水性见表3-6。

表 3 - 6　水性漆漆膜的附着力、硬度、耐水性

正硅酸四乙酯加入量/g	附着力/级	硬度	耐水性/h
0	2	H	13.5
10	1	2H	14.5
20	2	H	15
30	2	H	16
40	1	2H	16.5
50	1	2H	15.5

由表 3 - 6 可知,没有使用正硅酸四乙酯的水性漆漆膜附着力为 2 级,使用了 10g,40g,50g 正硅酸四乙酯的水性漆漆膜附着力提高为 1 级。使用 20g,30g 正硅酸四乙酯的水性漆漆膜附着力依然是 2 级,且硬度依然是 H,与没有使用正硅酸四乙酯的水性漆漆膜硬度相同。正硅酸四乙酯的加入量为 10g,40g,50g 时,硬度从 H 增加到 2H。加入水性色浆调漆后,硅酸四乙酯使用量为 40g 的水性漆漆膜的耐水性最好,达到了 16.5h,比没有使用正硅酸四乙酯的水性漆漆膜耐水性提高了 3h。总体来看,相对于没有调漆的树脂漆膜,通过使用水性色浆调漆后的漆膜耐水性都得到了不同程度的提高,这说明水性色浆的有机颜料对耐水性起到了积极的帮助作用。

通过使用正硅酸四乙酯作为反应原料,发现所制备的丙烯酸酯水性分散体漆膜的许多方面的性能都得到了有效的提高。正硅酸四乙酯加入量为 40g 时,所得到树脂的正反面抗冲击性能分别可以达到 300g、25cm 和 300g、20cm、附着力 1 级、硬度 2H、耐水性 16.5h,好于没有使用正硅酸四乙酯和其他正硅酸四乙酯加入量所得到树脂的性能。对所制得的样品进行调漆后,相对于树脂漆膜来说,水性漆漆膜的多方面性能都有所提高,特别是抗冲击性能提高非常明显,正反面抗冲击性能都可以达到

500g/15cm 以上,其中加入量为 20g、40g 时,正反面抗冲击性能分别达到 1000g/15cm、1000g/20cm 和 1000g/45cm、1000g/35cm;当正硅酸四乙酯加入量为 10g、40g、50g 时,水性漆的硬度都能达到 2H。综合抗冲击性能、硬度、附着力和耐水性的性能来看,正硅酸四乙酯的用量为 40g 时所得丙烯酸酯水性分散体和所调制水性漆的漆膜性能较好。

3.7.3 纳米氧化锌对水性丙烯酸涂料性能的影响[60]

随着人们环保意识的不断增强,以水性丙烯酸树脂为成膜物质的水性涂料备受关注。水性丙烯酸树脂因具有优良的光、热和化学稳定性、耐候性、耐化学药品等性能而得到快速发展。然而,水性涂料自身固有的耐水性问题依然很难得到解决。"荷叶效应"为解决这一难题提供了新的思路[61-63]。由于水性色浆中的颜料粒径通常为几十微米到几百纳米[64-67],在所制备的水性涂料中水性色浆的颜料颗粒难以阻止水的快速渗透。如果在水性色浆中加入粒径为几十纳米的耐水颗粒,则有可能形成荷叶表面所具有的微米/纳米相互分散的微结构,从而提高涂膜的耐水性。为了使水性丙烯酸涂料性能更优异,陈鑫[68]利用纳米氧化锌杀菌、耐磨、防腐、防水、导电、抗老化等优异性能,制备的纳米涂料表现出比普通涂料更优异的力学、热学、光学及电磁学性能;袁惠娟[69]研究了纳米 ZnO 含量对水性聚氨酯复合涂层耐摩擦性能、铅笔硬度和附着力的影响,发现纳米 ZnO 的加入使得其性能显著提高。我们通过将自制的水性色浆、水性丙烯酸树脂和纳米氧化锌混合得到水性涂料,研究了可能存在的"荷叶效应"对水性涂料性能的影响。实验结果发现,添加纳米氧化锌的涂膜不仅耐水性得到了提高,而且附着力、耐冲击性、硬度也有了显著的提高。

我们将纳米氧化锌分散到水性色浆中,然后与水性丙烯酸树脂混合制得水性涂料。研究了纳米氧化锌用量及粒径对水性丙烯酸涂料硬度、附着力、接触角、耐水性和耐冲击性的影响。性能测试结果表明：添加不同粒径纳米氧化锌后涂膜的综合性能均有所提高，纳米氧化锌的用量为1%时涂膜的综合性能较好。

（1）含纳米氧化锌的水性色浆和水性涂料的制备

向水性色浆中加入一定量的纳米氧化锌，用超声波分散 30min 制得纳米复合水性色浆。分别将未添加纳米氧化锌的水性色浆和添加了纳米氧化锌的水性色浆与水性丙烯酸树脂混合后电动高速搅拌 10min 得到水性涂料。纳米氧化锌加入量分别为 0g、0.42g、1.25g 和 2.10g，分别占水性树脂和水性色浆总质量的 0、1%、3% 和 5%。

（2）涂膜的制备和性能测定方法

使用自制的水性丙烯酸树脂与未添加纳米氧化锌和添加了纳米氧化锌的水性色浆分别按 5:2 的质量比搅拌混合均匀，调制成适宜喷涂的水性涂料。消泡后，将水性涂料均匀喷涂于干燥洁净的马口铁片上，室温下自然风干后，移至温度为 80℃ 的干燥箱中干燥 4h，取出冷却 12h 后测定其性能。涂膜附着力根据 ISO 2409:2007 色漆和清漆——划格试验进行测量；耐冲击性根据 ISO 6272:1993（E）油漆与清漆——落锤实验进行测量；铅笔硬度根据 ISO 15184:2012 进行测试。将涂有涂膜的铁片先称质量 m_1，然后完全浸没在水中 24h，用滤纸快速吸干铁片的水分称质量 m_2，计算吸水率。吸水率 $= (m_2 - m_1)/m_1 100\%$。

（1）通过将自制的水性色浆、水性丙烯酸树脂和纳米氧化锌混合制得了水性涂料。（2）考察平均粒径为 48.1nm 的氧化锌的用量对涂膜的影响，发现其用量为 1% 时涂膜综合性能最好，其硬度为 4H、附着力为 1级、接触角为 83.97°、吸水率为 0.43%、涂膜正反面耐冲击性为 50cm。（3）添加了纳米氧化锌的涂膜的综合性能明显提高，考察纳米氧化锌半均粒径对涂膜的影响,发现添加平均粒径为 40.6nm 的氧化锌的涂膜综合性能最好,其硬度为 3H、附着力为 0 级、接触角为 86.46°、吸水率为0.06%、涂膜正反面耐冲击性为 50cm。

3.7.4 水性羟基丙烯酸树脂的制备与研究

袁腾等[70]以甲基丙烯酸甲酯(MMA)、苯乙烯(St)和丙烯酸丁酯(BA)等为主要单体,引入丙烯酸(AA)、丙烯酸羟基乙酯(HEA)与甲基丙烯酸异冰片酯(IBOMA)等作为功能单体,通过半连续溶液聚合工艺,最后加水分散制得水性羟基丙烯酸树脂。利用 FT - IR、透光度、黏度分析研究了单体配比、引发剂(BPO)用量、温度、链转移剂(DDM)用量、功能单体用量等因素对树脂性能的影响。结果表明,当 AA、HEA、IBOMA、BPO 和 DDM 的质量分数分别为 3%、12%、10%、3% 和 2%,聚合反应温度 100℃时可获得黏度为 5Pa·s,固含量约 45% 的水性羟基丙烯酸树脂。

(1)固含量对水性丙烯酸树脂黏度的影响

用溶液聚合制备的羟基丙烯酸树脂是水分散体。在加水分散时,发现体系的粘度变化反常,见图 3 - 10。

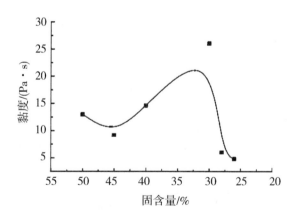

图 3 - 10　固含量与粘度的关系

开始加水稀释时,粘度下降较快,继续加水稀释至固含量约45%时树脂粘度反而急剧增大,直到最大值,此时固含量约32%,再加水粘度急剧下降,稀释曲线呈N字形,由图3-10可见在45%固含量时粘度为10Pa·s,而将粘度稀释为5Pa·s时,体系的固含量仅为25%。这是由于在分散过程中存在着相反转,随着水加入量的增多,分散体由W/O型转化为O/W型,加入丙二醇丁醚等助溶剂可以消除这一反常现象[71]。

(2)聚合温度的影响

聚合温度对树脂水分散体黏度的影响,粘度随温度的升高而降低(见图3-11)。这是由于升高温度提高了引发剂的分解速率,另外也提高了链增长自由基双基终止速率和向链转移剂及溶剂的链转移速率,所以升高聚合温度可以降低聚合物分子质量,从而降低树脂的粘度[72]。但温度过高会超过部分单体的沸点,导致单体不断回流影响链段结构,往往在反应中需要加压,故反应温度取100℃。

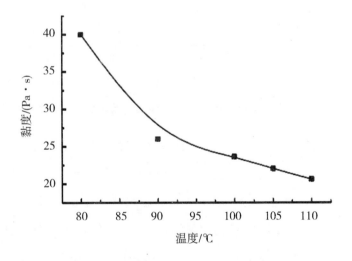

图3-11 聚合温度对水分散体粘度的影响

（3）引发剂对树脂水分散体粘度的影响

自由基溶液聚合常用引发剂是过氧化二苯甲酰（BPO）和偶氮二异丁腈（AIBN）。AIBN做引发剂虽分子质量分布窄，但高温时半衰期过短，多在45～80℃使用。而BPO正常使用温度在70～110℃，过氧类引发剂容易发生诱导分解反应，且其初级自由基容易夺取大分子链上的氢、氯等原子或基团，进而在大分子链上引入支链，使分子质量分布变宽，故选用反应温度较高的BPO作引发剂为宜。BPO的用量对水分散体粘度的影响，BPO用量以占单体质量的百分率表示（见图3－12）。

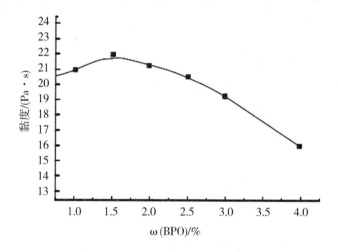

图3－12　引发剂用量对树脂粘度的影响

由图3－12可知，当BPO质量分数＜1.5%时，树脂粘度随引发剂用量增加而升高，可能是由于引发剂浓度过低，导致活性自由基浓度低，反应活性点少使链段数量减少而分子质量增大，当BPO质量分数超过1.5%时，树脂的粘度随引发剂用量增加急剧下降，是由于聚合体系的动力学链长与引发剂浓度的0.5次方成反比，引发剂用量越大，活性自由基浓度越大，反应活性点越多，聚合反应速率越快，即分子量随引发剂用量的增加而下降。故引发剂的用量应该 > 1.5% ,但引发剂用量过大,反应太剧烈,故引发剂最佳质量分数是3% 为宜。

(4)链转移剂用量对树脂的影响

自由基溶液聚合反应特点是慢引发、快增长、速终止,从一聚体增长到高聚物时间极短,仅 1 s 内就能使聚合度增长到成千上万,中途不能暂停,聚合一开始就有高聚物产生,分子质量迅速增大,故难以制备较低分子质量的聚合物,从而水分散体的粘度较大。链转移剂通过链自由基的转移和终止来降低聚合度,进而降低分子质量及其分布,图 3 - 13 是在引发剂质量分数相同(3%)的条件下链转移剂 DDM 用量对水分散体粘度的影响,DDM 用量越大水分散体粘度越小,但其用量过多导致树脂味道过大且由于存在大量聚合物链段碎片导致会降低涂膜的色泽、硬度等性能,故链转移剂质量分数为 2% 为宜。

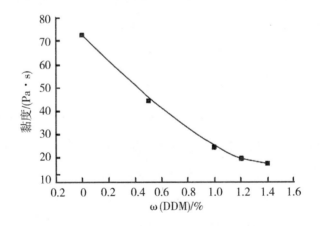

图 3 - 13 链转移剂 DDM 用量对树脂粘度的影响

(5)丙烯酸(AA)用量对树脂水分散体透光度和粘度的影响

丙烯酸树脂分子链所含羧基主要是赋予树脂水溶性及提高涂膜附着力,但羧基含量过高会降低涂膜的耐水性。AA 用量与树脂水分散体透光度和粘度的关系曲线见图 3 – 14。

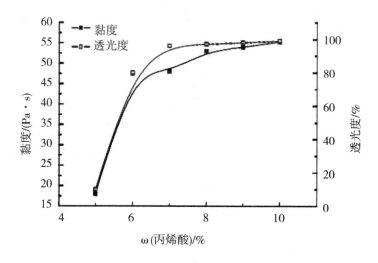

图 3 – 14　AA 用量对树脂透光度及粘度的影响

当 AA 质量分数 < 7% 时,树脂的透光度和粘度随用量的增加而急剧增大,当 AA 质量分数 > 7% 时,透光度和粘度几乎保持不变。因为相邻两羧基间平均主链碳链长度(ALMC)为 20 个碳原子的共聚物不能水溶,ALMC 值为 8 ~ 10 的共聚物,能临界水溶。ALMC < 6 的共聚物,能很好水溶,即有 2 个—COONH$_4$ 基之间的碳链链段越短,共聚物的水溶性越好[73]。故随着羧基含量的增大,树脂的水溶性变好,透明度变好,其分子链由卷曲线团状态变为伸展的线形链状,聚合物链相互缠绕导致粘度急剧升高;当 AA 质量分数 > 7% 时,树脂分子链几乎全部处于伸展状态,不会再增加缠绕程度,故升高的速率变慢。因此 AA 质量分数以 < 7% 为宜,但 AA 含量过低不能满足水溶性要求,故一般取质量分数为 3%。

(6)丙烯酸羟乙酯(HEA)用量对树脂水分散体透光度和粘度的影响

水性羟基丙烯酸酯水分散体中所含羟基主要起与氨基或—NCO 基团交联固化的作用,同时提供部分水溶性,但由于羟基的存在导致水分散体粘度的异常变化,故羟基含量的选择很重要。HEA 用量与树脂水分散体透光度及粘度的关系曲线见图 3 – 15。

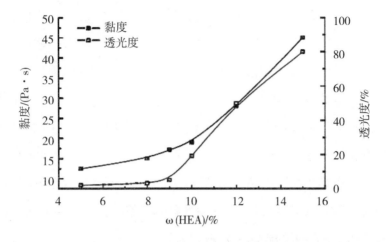

图 3 – 15 HEA 用量对树脂透光度及粘度的影响

随 HEA 单体用量的增加,树脂水分散体透光度和黏度总的趋势是逐渐增加的,当 HEA 质量分数 <9% 时,树脂的粘度和透光性随羟基含量的增大几乎保持不变,这是因为 HEA 中的—OH 虽具有一定的水溶性,但水溶性不高,当含量较小时对水溶性的改善不明显,同时羟基含量少,在树脂中分布较为分散,相邻两羟基之间碳链过长,相互之间氢键作用力不强,故粘度变化也不明显。随着 HEA 用量的提高,树脂的水溶性随之提高,水分散体粘度的也急剧增大。此时由于大量—OH 的存在,在树脂中分布很集中,相邻两羟基之间碳链较短,导致分子链间氢键作用力增强,因此 HEA 质量分数以 12% 为宜。

3.7.5 水性氟硅改性丙烯酸树脂的合成及涂膜性能研究

采用含氟丙烯酸酯与丙烯酸(酯)共聚,保持共聚物中足够的羧基,通过中和成盐反应,可以合成水性含氟丙烯酸树脂。为了使涂膜具有足够疏水和疏油性,树脂分子链中的氟含量要足够高。但是,树脂中引入含氟单体,在提供树脂疏水疏油性的同时,也会导致树脂容易起泡和稳泡[74,75],其实用性受到很大限制。为此,黄守成等[76]采用开环聚合合成环硅氧烷预聚物[77,78],将环硅氧烷预聚物引入水性含氟丙烯酸树脂分子链中,合成水性氟硅改性丙烯酸树脂,既可以提高水性含氟丙烯酸树脂涂膜的疏水和疏油性,又可以消除含氟树脂容易起泡和稳泡的缺陷,确保产品性能的稳定。合成具有足够疏水和疏油性能的水性含氟丙烯酸树脂,全部采用含氟丙烯酸酯单体,其在提供树脂具有疏水和疏油性能的同时,也会带来树脂容易起泡和稳泡的缺陷,为此,采用开环聚合合成环硅氧烷预聚物,将环硅氧烷预聚物引入水性含氟丙烯酸树脂分子链中,可以消除因含氟单体引入产生的起泡和稳泡缺陷。

(1)聚合物涂膜的接触角

选择涂膜表面光滑的区域,用擦镜纸蘸酒精对涂膜表面区域进行擦洗,待酒精挥发干后,作为待测样品用接触角测量仪进行接触角的测试。接触角数据见图3-16。

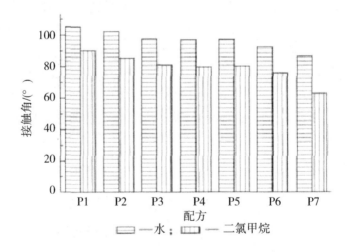

图 3-16 聚合物涂膜的接触角

从图3-16可以看出,P1配方涂膜的水接触角和二氯甲烷接触角分别为105.3°和90.2°,表现出优良的疏水、疏油性,这是由于氟原子的电负性大,直径小,且C—F键键能高,因此含氟丙烯酸树脂涂膜表现出优异的疏水、疏油性[79,80]。而分析其他配方可以看出,随着含氟单体含量的减少,虽然硅含量逐渐增大,但其接触角还是显现下降,而P7配方涂膜的水接触角也能达到86.4°,具备一定的疏水、疏油性。因为有机硅的价格远远低于氟原料,所以用有机硅部分替代含氟单体来保证涂膜疏水、疏油性的研究很有经济意义。以P5配方,含氟单体含量为丙烯酸单体总质量的15.84%,有机硅预聚体含量为丙烯酸单体总质量的7.64%的配方为最优配方,其水接触角和二氯甲烷接触角分别为97.3°和80.3°。

（2）聚合物的泡沫性能

研究采用搅拌法测量涂料的泡沫性能。在500ml的搅拌杯中加入100g试液,开动搅拌机以1500r/min速度搅拌2min,然后读取泡沫体积,生成泡沫的体积V_n(刚停止搅拌时的体积)即可用来表示试液的起泡性,起泡体积越大,其起泡性能越好。用从泡沫中分离出原有液体体积一半的时间作为半衰期来表示泡沫稳定性,半衰期越长,其泡沫稳泡性能越好,泡沫性能数据见图3-17。

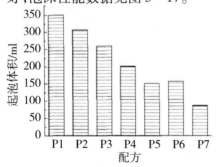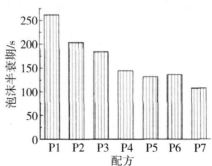

图3-17　聚合物溶液的起泡体积（左）和泡沫半衰期（右）

从图 3 – 17 可以看出，P1 配方的起泡体积和泡沫半衰期分别为 349.5ml 和 260s，而 P7 配方的起泡体积和泡沫半衰期分别为 86ml 和 107s，从中可以分析出，氟单体的加入提高了涂料的起泡性能和稳泡性能，这是因为溶液的表面张力直接影响起泡性和稳泡性，表面张力越低，越有利于起泡和稳泡[81]，但涂料中的起泡和稳泡现象是要尽可能避免的，因为泡沫的产生会给生产操作、产品质量、施工应用、涂膜外观及性能带来严重影响。故针对含氟丙烯酸树脂的起泡和稳泡缺陷，此研究通过引进有机硅预聚物，消除因引入含氟单体产生的起泡和稳泡缺陷。有机硅预聚体的引入明显改善了涂料的起泡和稳泡现象。聚硅氧烷类有机硅型消泡剂具有高消泡效能，所以在含氟丙烯酸树脂中引入有机硅预聚体，能够降低其起泡和稳泡性能[82]。有机硅的引入很大程度消除了因引入含氟单体产生的起泡和稳泡缺陷，证明了该实验方案的理论和实际可行性。综合考虑聚合物的起泡、稳泡性能和生产成本控制问题，以 P5 配方为最优配方，其起泡体积和泡沫半衰期分别能控制在 151ml 和 132s。

（3）聚合物涂膜的表面形貌

用扫描电子显微镜观察涂膜的形貌，通过其表面的平整光滑程度，了解聚合物的起泡稳泡问题给聚合物涂膜带来的实际问题。P1 配方和 P5 配方涂膜的扫描电子显微镜图分别如图 3 – 18 和图 3 – 19 所示。

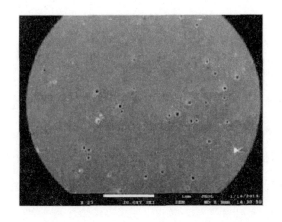

图3-18 P1配方涂膜的扫描电镜图

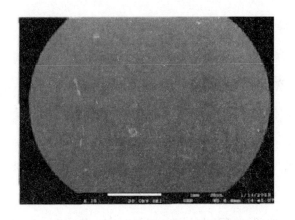

图3-19 P5配方涂膜的扫描电镜图

从图3-18和图3-19可以看出,有机硅预聚体的引入对聚合物涂膜的表面粗糙平滑程度有影响。图3-18中含氟丙烯酸酯树脂涂料的涂膜因含氟单体的影响,配漆过程产生较多的泡沫并且泡沫比较难以消除,造成涂料成膜过程中还存在气泡和一些肉眼难以观察的暗泡,所以在高温固化过程中会在涂膜表面形成很多针孔。而图3-19是氟硅改性丙烯酸树脂涂料涂膜扫描电镜图,有机硅的引入,消除了引入含氟单体产生的起泡和稳泡缺陷,因此看到的是 个比较平滑的涂膜表面,基本没有因起泡而造成的针孔,确保了涂膜外观的光滑平整。

比较了不同配方水性氟硅改性丙烯酸树脂作为主要成膜物配制的水性涂料泡沫性能;涂膜的疏水、疏油性能和其他性能,P5 配方(氟单体含量为丙烯酸单体总质量的 15.84%,有机硅预聚体含量为丙烯酸单体总质量的 7.64%)为最优配方,其水接触角和二氯甲烷接触角分别为 97.3°和 80.3°;起泡体积和泡沫半衰期分别能控制在 151ml 和 132s;涂膜附着力为 0 级、硬度为 3H、耐冲击性(正冲)40cm、耐丁酮擦拭大于 50 次、耐水浸泡达到 48h。

3.7.6　高固含量水性丙烯酸树脂

熊诚等[83]合成了高固含量水性丙烯酸树脂并由其制得水性丙烯酸氨基烤漆,考察了引发剂用量、自制羟基丙烯酸单体用量、酸值以及玻璃化温度对树脂相对分子质量、亲水性以及漆膜性能的影响。结果表明:引发剂用量为 3%,自制含羟基丙烯酸单体用量为 20%,酸值 60mgKOH/g,玻璃化温度为 -15℃时,树脂的亲水性、漆膜综合性能最佳。

(1)高固含量水性丙烯酸树脂涂料配方及合成

在装有搅拌器、冷凝器、温度计和恒压滴液漏斗的四口烧瓶中加入定量的水溶性乙二醇丁醚和丙二醇甲醚,升温至回流后,再滴加溶解有引发剂的定量的丙烯酸单体混合物,4~5h 滴加完毕。保持温度,继续反应 2h 左右,再补加 3 份引发剂后,制得略带浅黄色的透明黏稠液体,降温至 60℃左右,加入定量的胺中和剂,中和体系中酸值的 90%,继续搅拌 0.5h,以滴加的方式将定量的水加入到体系中,制得固含量为 70% 的水性丙烯酸树脂[84]。高固含量水性丙烯酸树脂的参考配方见表 3-7。

表3-7 高固含量水性丙烯酸树脂的参考配方

原材料	w/%	原材料	w/%
丙烯酸	3.9~6.7	自制含羟基丙烯酸单体	10~25
苯乙酸	5~10	TBPB	1~5
丙烯酸丁酯	15~30	乙二醇丁醚	7.8
丙烯酸甲酯	3~8	丙二醇丁醚	7.8
甲基丙烯酸甲酯	3~8		

（2）引发剂用量对树脂相对分子质量及其分布的影响

自由基聚合丙烯酸树脂通常通过引发剂用量来控制聚合物的相对分子质量。引发剂用量大,所产生的自由基量多,树脂相对分子质量小。通常采用增加引发剂用量的方法来降低树脂的相对分子质量,以达到降低体系黏度、增加树脂极性的目的。引发剂用量对树脂相对分子质量及其分布的影响见表3-8。

表3-8 引发剂用量对树脂相对分子质量及其分布的影响

w(TBPB)/%	数均相对分子质量(Mn)	质均相对分子质量(Mw)	相对分子质量分布(DP)
1	7643	18857	2.46
2	5124	13329	2.6
3	3522	8122	2.31
4	2877	8055	2.8
5	3143	8958	2.85

由表3-8可见:随着引发剂用量的增加,树脂的数均和质均相对分子质量均随之下降,但是当引发剂用量增加到5%后,树脂的相对分子质量反而变大。这是因为引发剂在热分解时容易发生诱导热分解,其初级自由基容易夺取大分子链上的氢等原子或基团,进而在大分子链上引入

支链,使聚合物相对分子质量分布变宽,而且这种夺氢能力随着温度的升高而增强,当温度升高时,初级自由基参与接枝反应的概率增加,树脂的相对分子质量增大,相对分子质量分布变宽。综合以上考虑,选择引发剂的用量为整个单体体系质量的3%。

(3)含羟基丙烯酸单体用量对树脂黏度的影响

一般70%的高固含量丙烯酸树脂黏度很大,配制的涂料施工性较差,为了获得高固低黏的树脂,配方体系中常常要加入链转移剂。自制含羟基丙烯酸单体中含有叔羰基结构,能够降低树脂的黏度,并且能够给水性丙烯酸树脂分子链上提供羟基,增加其亲水性,其用量对树脂黏度的影响见表3-9。

表3-9 含羟基丙烯酸单体用量对树脂黏度的影响

检测项目	w(自制含羟基丙烯酸单体)/%				
	0	10	20	25	35
黏度(格式管,25℃)/s	330	153	130	124	115

由表3-9可见:如果不加入该单体,合成树脂的黏度很大;加入10%该单体时,树脂黏度有显著下降;当其用量为20%时,树脂黏度大幅下降,水溶性佳,继续加入该单体,对黏度下降作用不明显,且提高了成本,因此,自制含羟基丙烯酸单体用量以20%为宜[85]。

(4)酸值对树脂水溶性的影响

含有羧基单体并中和成盐是实现丙烯酸树脂水溶性的必要条件。一般羧基单体用量越多,丙烯酸树脂越容易溶解于水,但羧基量太多,又会引起涂膜耐水性、耐碱性变差,所以,羧基的引入量还必须在满足水溶性的前提下加以控制。研究不同酸值对树脂水溶性的影响,结果见表3-10。

表3-10 酸值对树脂水溶性的影响

检测项目	酸值/(mgKOH·g⁻¹)			
	15	30	45	60
加水溶解情况	可稀释	水溶有乳光	水溶有乳光	完全水溶
溶解速度	较慢	较快	快	快

由表3-10可见:当体系酸值为15mgKOH/g时,树脂水溶性差,需要长时间搅拌才能溶解在水中;当体系酸值为30~45mgKOH/g时,树脂水溶性较好,但是溶解在水中有乳光;当体系酸值为60mgKOH/g时,树脂完全水溶,溶液清澈透明。因此本试验选择体系酸值为60mgKOH/g[86]。

(5)树脂玻璃化温度对漆膜性能的影响

树脂玻璃化温度对漆膜性能的影响见表3-11。

表3-11 树脂玻璃化温度对漆膜性能的影响

检测项目	玻璃化温度/℃				
	-20	-15	10	0	10
漆膜厚度/μm	18	20	19	20	22
附着力/级	1	1	1	1~2	2
光泽	87	88	89	87	88
硬度	1H	2H	2H	2H	2~3H
耐冲击性/cm	50	50	40	30	30

由表3-11可见:随着树脂玻璃化温度的降低,漆膜的耐冲击性能得到改善,但树脂玻璃化温度过低,对漆膜硬度有所影响。综合考虑,树脂玻璃化温度以-15℃为宜。

3.7.7 一种丙烯酸酯共聚乳液及其涂料

丙烯酸酯乳液是乳液聚合的主要类别,由丙烯酸酯类单体、甲基丙烯酸酯类单体和/或其他含乙烯基类单体共聚而成的[87,88]。丙烯酸酯乳液的主链中不含或基本不含不饱和双键,具有优异的耐候性、成膜性、耐腐性、机械稳定性和黏附性,并且其来源丰富、原料成本较低且适合工业化生产,因而已广泛应用于胶黏剂[89,90]、涂料[91-94]、纺织[95,96]、皮革[97]、造纸[98,99]和包装[100]等行业。丙烯酸酯乳液无毒,并且其结构中含有羟基、酯基和羧基等官能团[101],故其已成为该研究领域的热点之一[102-106]。然而,普通丙烯酸酯乳液具有树脂分子没有发生交联、成膜后致密性较差和成膜温度较高等缺点,并且这些缺点在制备涂料过程中会被放大。汪鹏主等[107]以甲基丙烯酸甲酯(MMA)、丙烯酸正丁酯(BA)和丙烯酸-2-乙基己酯(2-EHA)为单体,丙烯酸(AA)、二甲基丙烯酸乙二醇酯(EGDMA)和丙烯酸羟基丙酯(HPA)为功能性单体,采用核/壳乳液聚合法制备了水性涂料用丙烯酸酯共聚乳液。研究结果表明:该乳液的平均相对分子质量及其分布指数分别为408548和24.27,T_g(玻璃化转变温度)为2.36℃,最大热分解温度为360℃;由丙烯酸酯共聚乳液配制而成的水性涂料具有良好的耐酸性、耐碱性和耐热性,并且其附着力(0级)最大、光泽度(64.87%)较高。

(1)乳液及其胶膜的性能

采用核/壳乳液聚合法合成了内硬外软的乳胶粒,相应乳液及其胶膜的性能如表3-12所示。

表3-12 乳液及其胶膜的性能

凝胶率/%	铅笔硬度	附着力	抗冲击性/(kg·cm)	断裂伸长率/%	吸水率/%	光泽度(60°)/%
0.98	2B	1级	>50	270	9.54	81.24

影响凝胶率的因素主要有反应温度、引发剂含量、聚合方法、乳化剂含

量以及反应时间等。由表3－12可知：此研究合成的乳液凝胶率（为0.98%）很低，主要原因是反应温度、引发剂含量和乳化剂含量等均控制在适宜范围内；乳胶膜的铅笔硬度与核/壳结构中的硬单体有关，此研究中乳胶膜的铅笔硬度（为2B）较软，主要是由于硬单体（MMA）含量少于软单体（BA、2－EHA）含量，使得乳胶膜具有一定的弹性；该乳胶膜的附着力（为1级）较大，主要与加入的功能性单体（AA、EGDMA）有关，功能性单体中含有一些功能性基团，能有效增加聚合物与外界的相互作用；该乳胶膜的抗冲击性大于50kg·cm，表明乳胶膜具有很好的抗外力作用能力；乳胶膜的断裂伸长率为270%，这主要与软单体有关[乳胶粒成膜时外层单体填充了粒子间的缝隙，同时在交联单体（AA）作用下发生交联反应，从而使涂膜具有一定的断裂伸长率]；该乳胶膜的吸水率约为10%，主要与加入的功能性单体（HPA）中含有的亲水性基团有关，未发生交联的亲水性基团单独存在时增加了乳胶膜的亲水性，从而导致其吸水率较高；该乳胶膜的光泽度高达81.24%，说明乳液的流平性较好，能形成光滑平整的表面。

（2）乳液的M_r

控制M_r及其分布是高分子材料合成的首要任务，采用GPC（凝胶渗透色谱）法测定合成乳液的M_r，结果如图3－20和表3－13所示。

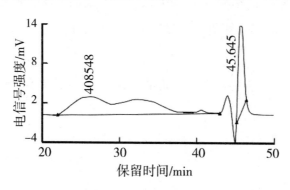

图3－20 乳液的GPC曲线

表 3 - 13　GPC 曲线的特征数据

M_n	M_w	M_p	分布指数
13084	317535	408548	24.27

由图 3 - 20 和表 3 - 13 可知:乳液的 $M_n = 13084$,$M_w = 317535$,$M_p = 408548$,M_r 的分布指数为 24.27,说明聚合物的 M_r 分布很宽,这主要与聚合方式以及发生的交联程度有关。一般而言,核/壳乳液聚合所得到的粒子是非均相的。M_r 的分布是影响聚合物性能的重要因素:M_r 较低时,聚合物的固化温度较低;M_r 较高时,聚合物成型困难。胶黏剂、涂料用基体树脂的 M_r 不宜过高,并且其 M_r 分布在一个较宽的范围内,有利于保证乳胶膜的强度适中。因此,此研究制得的聚合物的 M_r 分布较宽,满足了涂料的使用要求。

(3)乳胶膜的 T_g

T_g 是衡量聚合物应用性能的重要参数。当聚合物处于玻璃态($< T_g$)时,宏观表现为很硬、很脆,材料的性能明显降低,严重影响其使用性能。采用 DSC 法测定共聚物的 T_g,结果如图 3 - 21 所示。由图 3 - 21 可知:共聚物的 $T_g = 2.63℃$。MMA 均聚物的 $T_g = 105℃$,BA 均聚物的 $T_g = -56℃$,2 - EHA 均聚物的 $T_g = -70℃$,采用下面的 Fox 公式可计算出共聚物的理论 $T_g = 0$,与实测值(2.63℃)相差不大。Fox 公式如下:

$$1/T_g = \sum W_i/T_{gi}$$

式中:W_i 为单体 i 在共聚物中的质量分数;T_{gi} 为单体 i 均聚物的玻璃化转变温度(K)。

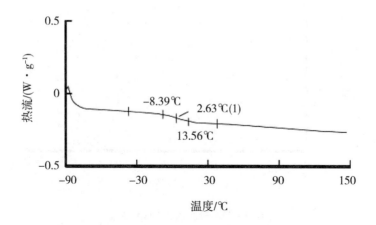

图 3 – 21　乳胶膜的 DSC 曲线

涂料的应用范围主要取决于成膜乳液的 T_g。成膜乳液的 T_g 较高时，说明共聚物处在高弹态的范围较窄；而应用范围较窄的共聚物不适合在低温条件下使用，故为提高涂料的使用范围，合成 T_g 较低的乳液很有必要。然而，在合成较低 T_g 树脂的同时还要处理好 T_g 与 MFT（最低成膜温度）的关系；另外，共聚物的 T_g 与 M_r 有关。为得到 T_g 较低的共聚物，其 M_r 不宜过高；通过改变单体的含量、聚合工艺和反应条件等，可得到 M_r 适中的共聚物。综上所述，丙烯酸酯共聚乳液具有较低的 T_g，主要原因是共聚物中单体配比合适，同时产生了轻度的交联。

（4）乳胶膜的耐热性

TGA 曲线主要是用来说明物质在不同温度时的分解情况，根据其分解温度可判定物质的最高使用温度。乳胶膜的 TGA 曲线如图 3 – 22 所示。

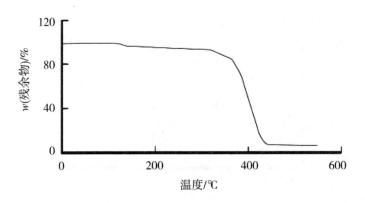

图 3-22 乳胶膜的 TGA 曲线

共聚物理想的使用温度在 T_g 和 T_m（熔融温度）之间：在 T_g 以下使用时，共聚物处于玻璃态，很脆，易发生断裂；在 T_m 以上使用时，共聚物处于黏流态，会发生流动，某些性能基本消失或不能使用。不同 M_r 的共聚物具有不同的分解温度。由图 3-22 可知：乳胶膜300℃分解的对应物质可能是乳化剂和低 M_r 的共聚物；随着温度的升高，360℃时分解速率相对最大（说明共聚物的 M_r 主要集中在这一区域），430℃时分解完全。综上所述，丙烯酸酯共聚乳液具有较高的耐热性，并且其使用温度范围较宽。这是由于功能单体的引入，使聚合体系发生了轻微的交联，提高了材料的耐热性能的缘故。

（5）涂料的性能

表 3-14 列出了相应的水性涂料的各项性能。

表 3 – 14　水性涂料的各项性能

性能	结果	性能	结果
w(固含量)/%	44	断裂伸长率/%	39
粘度/(mPa · s)	7000	硬度	3H
机械稳定性	稳定	光泽度/%	64.87
pH	9 左右	附着力	0 级
表干时间/min	10	抗冲击性/(kg · cm)	>50
实干时间/h	19	吸水率/%	4.82
遮盖力/(g · m^{-2})	80.4	柔韧性/mm	<0.05
耐酸性	稳定	耐热性	稳定
耐碱性	稳定	加速老化试验	脱落

由表 3 – 14 可知:该水性涂料的固含量(44%)高于一般涂料,黏度(7000mPa · s)也相对较高,表干时间和实干时间与一般的涂料相比有了一定的提高;该水性涂料具有很好的耐酸性、耐碱性和耐热性,其附着力(为 0 级)很强,具有较好的光泽度(为 64.87%),涂料和乳胶膜的抗冲击性均大于 50kg · cm。综上所述,该水性涂料良好的性能均源自自制乳胶膜的性能,其实测结果与乳胶膜的性能相吻合。

§3.8　水性醇酸树脂涂料

醇酸树脂是一种重要的涂料用树脂,其单体来源丰富、价格低、品种多、配方变化大、化学改性方便且性能好。水性醇酸树脂的开发经历了外乳化和内乳化两个阶段,目前主要使用内乳化法合成水性醇酸树脂分散体。所谓内乳化法是将聚合物中的羧基或氨基分别用适当的碱或酸中和,使聚合物可分散于水中[108]。虽然水性醇酸树脂涂料具有良好的涂刷性能和润湿性能,但也存在涂膜干燥缓慢、硬度低、耐水性和耐腐蚀性差、户外耐候性不佳等缺点,需要通过改性来满足这些性能要求。

目前,人们对水性醇酸树脂的改性主要包括物理改性和化学改性,其中以丙烯酸树脂、有机硅树脂和苯乙烯改性的效果最为显著。王瑞宏等用自干型水性丙烯酸改性醇酸树脂[109]。除了添加水性丙烯酸外,还在醇酸乳液中添加了中和剂、催干剂和助溶剂。改性后的水性醇酸树脂涂料具有良好的保色性、保光性、耐候性、耐久性、耐腐蚀性、快干性及高硬度等,克服了常规水性醇酸涂料贮存稳定性差、干燥速率慢、早期硬度、耐水性和耐溶剂性差等弊病,拓宽了水性醇酸涂料的应用领域。

周丽琼等研发了磺酸盐改性的水性醇酸树脂,与常规的水性醇酸树脂相比,改性后树脂的水溶性有大幅度提高,降低了助溶剂的用量[110]。水性醇酸树脂的主链含有多元醇与多元酸聚合而成的酯键,而酯键受到酸、碱(中和剂)的攻击容易断裂,所以在合成改性水性醇酸树脂时,采用水溶性磺酸盐预聚物,可大幅度提高树脂的水溶性,只需加入少量胺中和剂,即可获得良好的水溶性,大大减弱了中和剂对酯键的攻击。经改性后的水性醇酸树脂除水溶性有了大幅度提高外,还具有优良的柔韧性、附着力和耐冲击性。

聚氨酯涂料是综合性能优良的涂料品种。因此,人们希望将聚氨酯的优良性能引入醇酸树脂中,用它改进醇酸树脂的物理机械性能、耐候性和耐化学腐蚀性。

实际上,目前已形成产量大、性能介于溶剂型醇酸和双组分聚氨酯之间的一类涂料,即所谓的氨酯油或单组分聚氨酯涂料[111],而氨酯油的水性化则是当前研究的热点。

参考文献

[1]余丽丽,李仲谨,吕世民,等. 水性环氧树脂的合成及其应用[J]. 化工科技,2009,17(4):46-51.

[2]Ruiz,Mireya,Matos. New Water Borne Epoxy Coating Based on Cellulor Nabofillers[J]. Macromol Symp,2001,169:211-222.

[3]王炯,李国平. 水性聚氨酯的改性研究进展[J]. 高分子材料科学与工程,2009,25(12):166-168.

[4]Padget J C. Additives for Water-based Coatings-A Polymer Chemist,s View[J]. J Coat Technol,1994,66(89):839.

[5]何琰洁. 环保水性涂料的研究进展[J]. 工程技术,2012(2):352-353.

[6]尹爱存,贺兰云. 两种低温甲醇洗工艺对比[J]. 天然气化工,2011,36(4):53-55.

[7]李念伟. 关于水性工业涂料的探析[J]. 科技创新,2016(6):56.

[8]刘翰锋,张延奎,苏松峰,等. 低温固化环氧粉末涂料的研制[J]. 中国涂料,2013(7):45-49.

[9]董晓宁,赵海福,赵强,等. 环氧树脂涂料的研制及应用[J]. 中国包装工业,2014(2):3-5.

[10]张剑飞,李博文,陈玉滨. 新型管道重防腐环氧粉末涂料的研制与应用[J]. 现代涂料与涂装,2013,16(2):22-24.

[11]Mafi R, Mirabedini S M, Attar M M, et al. Cure characterization of epoxy and polyester clear powder coatings using differential scanning calorimetry(DSC)and dynamic echanical thermal analysis(DMTA)[J]. Progress in Organic Coatings,2005,54(3):164-169.

[12]周晓涛,曹有名. 低温固化环氧粉末涂料制备及性能研究[J].

现代涂料与涂装,2012,15(11):10－13.

[13]许井全.2－甲基咪唑在粉末涂料中的应用[C].第十四次全国环氧树脂应用技术学术交流会暨学会长三角地区分会第一届学术交流会论文集,2010:180－185.

[14]赵宏涛.水性防腐涂料在船舶涂装中的应用探析[J].工业技术,2016(26):127.

[15]汪国平.造船业的发展与对船舶涂料发展的期望[J].涂料工业,2006(2):46－49.

[16]陈贻明,范培华,秦国伟.15年涂层防护的新造船涂装施工工艺[J].中国涂料,2006(2):49－50.

[17]郭利.促进水性木器涂料的应用发展[J].工业技术,2017(15):96－97.

[18]工经联环境经济政策课题组.应用环境经济政策促进水性木器涂料的发展——水性木器涂料环境经济政策研究[J].中国涂料,2011,26(7):18－19.

[19]贺宏彬,王晓光,宋阳,等.水性木器涂料的研究进展[A].全国建筑涂料技术、质量、信息与应用交流大会论文集[C].2008.

[20]常晓雅,黄艳辉,高欣,等.浅述水性木器涂料的研究进展[J].林产工业,2016,43(3):11－15.

[21]刘宝勇,王珣.浅析水性木器涂料的发展现状及趋势[A].中国水性木器涂料发展研讨会论文集[C].2009.

[22]詹媛媛,李智华,李莉,等.塑料用水性聚氨酯涂料研究[J].涂料技术与文摘,2008(5):27－29.

[23]陈丽珠,黄洪,陈焕钦.水性聚氨酯的发展与应用研究进展[J].涂料技术与文摘,2008(5):13－16.

[24]Mperez Lminana,Faran－Ais,Amtorro－palau. Structure and properties of waterborne polyurethane adhesives obtained by different methods[J]. Journal of Adhesion Science and Technology,2006,20(6):519－536.

[25]Jaccobs P B,Yu P C. Two－component waterborne polyurethane coatings[J]. Journal of Coatings Technology,1993,65(7):45－50.

[26]刘国杰. 水分散体涂料[M]. 北京:中国轻工业出版社,2004.

[27]刘军,钟宏,周海斌. 浅谈水性聚氨酯汽车内饰涂料[J]. 中国涂料,2007,22(4):40－44.

[28]刘国杰. 聚氨酯改性醇酸树脂(氨酯油)涂料水性化的研究进展[J]. 上海涂料,2009,47(11):29－32.

[29]宋丽,宋宇,王亚茜. 双酚S耐黄变聚氨酯水性涂料的制备及性能研究[J]. 皮革与化工,2016,33(4):1－4.

[30]杨建军,陈春俊,吴庆云,等. 水性聚氨酯树脂在工业水性涂料中的应用进展[J]. 化学推进剂与高分子材料,2017,15(1):1－7.

[31]樊小丽. 双组分水性聚氨酯汽车面漆的制备与性能研究[D]. 广州:华南理工大学,2013.

[32]陈中华,樊小丽. 双组分水性聚氨酯汽车面漆的制备与性能研究[J]. 上海涂料,2012,50(10):3－8.

[33]邱学科,朱德勇. 水性聚氨酯金属闪光漆在大型交通工具中的应用研究[J]. 上海涂料,2014,52(8):4－7.

[34]刘成楼. 双组分水性聚氨酯高速列车车厢涂料的研制[J]. 涂料技术与文摘,2013,4(4):21－24.

[35]邹启强,孙贤国,张煜. 水性聚氨酯亚光面漆的研制及在南非机车零部件上的应用研究[J]. 现代涂料与涂装,2015,18(9):11－14.

[36]张静星,李青山,王晓欣. 风电塔架水性防腐涂料的老化研究

[C].全国第十四届红外加热暨红外医学发展研讨会论文及论文摘要集,2013:241-244.

[37]Bhargavaa S,Kubotaa M,Lewisa R D,et al. Ultraviolet,water and thermal aging studies of a waterborne polyurethane elastomer-based high reflectivity coating[J]. Progress in Organic Coatings,2015,79:75-82.

[38]亓云飞,丁国清,杨万国. 野战输油管道用水性聚氨酯近红外伪装涂料综述[J]. 现代涂料与涂装,2015,18(5):33-36.

[39]陶启宇,邢宏龙,郭文美,等. 热红外隐身涂料用水性聚氨酯的制备研究[J]. 涂料工业,2013,43(2):31-34.

[40]豆鹏飞. 丙烯酸酯涂料的性能与应用[J]. 上海建材,2017(3):1-5.

[41]殷榕灿,陶栋梁. 高吸水性丙烯酸树脂的制备及性能研究[J]. 广州化工,2014,42(20):68-70.

[42]许晓秋,刘廷栋. 高吸水性树脂的工艺与配方[M]. 北京:化学工业出版社,2004:18-26.

[43]张立颖,梁兴唐,黎洪. 高吸水性树脂的研究进展及应用[J]. 化工技术与开发,2009(10):34-38.

[44]张恩瑞,彭少贤,赵西坡. 耐盐性丙烯酸系吸水树脂的研究进展[J]. 化工新型材料,2013,41(5):177-179.

[45]雷光财,丁霖桐,刘艳玲. 丙烯酸系高吸水性树脂多孔结构的形成和控制[J]. 高分子材料科学与工程,2009,25(10):34-37.

[46]Omidian H,Hashemi S A,Sammes P G,et al. Model forthe swelling of superabsorbent polymers[J]. Polymer,1998,39(26):6697-6704.

[47]林润雄,石大川. 丙烯酸(r_1)-丙烯酸钠(r_2)共聚竞聚率的研究[J]. 化工科技,2000,8(3):6-10.

[48]王文忠,王志强,陈晓艳,等. 高耐盐性吸水树脂的制备及其性能研究[J]. 化学工程与装备,2009(12):5-8.

[49]邱海燕,代加林. 水溶液聚合法合成高吸水性树脂的研究[J]. 广州化工,2012,40(11):117-119.

[50]张坤,陶栋梁,张宏,等. 正硅酸四乙酯用量对丙烯酸酯水性分散体和相应水性漆性能的影响[J]. 应用化工,2015,44(3):410-413.

[51]赵建国,杨利娴,陈晓珊,等. 美国涂料行业 VOC 污染控制政策与技术研究[J]. 涂料工业,2012,42(2):44-48.

[52]黄文涛,陈广学. 水性丙烯酸树脂及其水性油墨性能研究[J]. 中国印刷与包装研究,2013,5(6):20-27.

[53]李慧,张一帆. 水性双组分丙烯酸木器涂料的配制与表征[J]. 东北林业大学学报,2014,42(6):129-132.

[54]乔永洛,黄霖,申亮. 真空镀铝纸面漆用水性丙烯酸树脂的制备[J]. 涂料工业,2014,44(4):45-49.

[55]奚祥. 水性阳离子丙烯酸金属防锈底漆的开发与探讨[J]. 中国涂料,2014,29(11):54-58.

[56]李辉,胡剑青,王锋,等. 壳中交联单体用量对中空乳胶粒形态及遮盖性的影响[J]. 功能材料,2013,44(1):65-69.

[57]于跃,孙嫦丽,周炳才. 引发剂对阳离子丙烯酸酯乳液聚合的影响[J]. 皮革与化工,2014,31(3):21-23.

[58]王荣,傅和青. 链转移剂和交联剂对丙烯酸酯乳液压敏胶性能的影响[J]. 高分材料科学与工程,2013,29(8):121-125.

[59]陶栋梁,刘玲,王洁,等. 掺杂纳米氧化锌对水性丙烯酸树脂漆性能的影响研究[C]. 2014 水性聚氨酯行业年会暨第12届水性涂料研讨会. 济南:全国涂料工业信息中心,2014, 220-223.

[60]马继龙,刘 玲,陶栋梁,等. 纳米氧化锌对水性丙烯酸涂料性能的影响[J].涂料工业,2015,45(5):43-46.

[61]姜立萍,黄磊. 荷叶效应功能在防污涂料中的应用[J].材料保护,2013,46(2):44-47.

[62]王景明,王轲,郑咏梅,等. 荷叶表面纳米结构与浸润性的关系[J].高等学校化学学报,2010,31(8):1596-1599.

[63]Benjamin H,Ilka K,Michael D. Systematic control of hydrophobic and superhydrophobic properties using double-rough structures based on mixtures of metal oxide nanoparticles,Langmuir[J]. 2010,26(9):6557-6560.

[64]郭逍遥,罗晖,汤汉良,等. 汽车涂料用水性通用色浆的研制[J].上海涂料,2013,51(7):25-28.

[65]李莹莹,王明中. 水性色浆的配方设计[J].中国涂料,2010,25(2):36-38.

[66]吴娇,张旭东,胡军保,等. 无树脂水性色浆贮存稳定性探讨[J].涂料工业,2010,40(12):57-61.

[67]孙顺杰,张琳,洪永顺. 通用水性色浆体系性能影响因素探讨[J].上海涂料,2010,4(9):01-04.

[68]陈鑫. 纳米氧化锌改性水性丙烯酸涂料的制备与研究[D].长春:长春理工大学,2011.

[69]袁惠娟. 纳米ZnO改性水性聚氨酯复合材料的制备与性能研究[D].天津:天津科技大学,2011.

[70]袁腾,王锋,胡剑青,等. 水性羟基丙烯酸树脂的制备与研究[J].热固性树脂,2013,28(1):15-19.

[71]张发爱,王云普,余彩莉,等. 含羟基丙烯酸树脂的水溶性研究[J].精细化工,2005,22(9):717-720.

[72]潘祖仁. 高分子化学(增强版)[M]. 北京:化学工业出版社. 2011:70 – 106.

[73]温绍国,翁志学,黄志明,等. 水溶性丙烯酸共聚物的组成与溶液特性[J]. 高分子材料科学与工程,1999,15(3):89 – 92.

[74]马洛平. 消除有害泡沫技术[M]. 北京:化学工业出版社,1987:16 – 501.

[75]Steffi Rudolf, Kasemamn Reiner. Coating material containing perfluore polyether structure:US,6361870[P]. 2002 – 03 – 26.

[76]黄守成,刘晓国. 水性氟硅改性丙烯酸树脂的合成及涂膜性能研究[J]. 涂料工业,2013,43(7):5 – 9.

[77]吕素芳,李美江. 环硅氧烷开环聚合反应的机理及动力学研究[J]. 高分子通报,2008(1):61 – 65.

[78]杨雄发,伍川,董红,等. 环硅氧烷开环聚合研究进展[J]. 高分子通报,2010(7):43 – 47.

[79]颜立成,来国桥,鲍利华. 氟改性有机硅丙烯酸涂料的研究[J]. 杭州师范学院学报(自然科学版),2002,1(2):39 – 43.

[80]吴文莉,倪赢尧,廖剑锋,等. 氟硅改性丙烯酸醋乳液的研制[J]. 广州化工,2005,33(2):30.

[81]郑兴. 聚己内酯型氟碳表面活性剂的合成、性能及应用研究[D]. 上海:上海交通大学,2011.

[82]胡伟. 聚醚改性有机硅消泡剂的合成研究[D]. 南京:南京林业大学,2008.

[83]熊诚,陈兰. 高固含量水性丙烯酸树脂的合成及其氨基烤漆的制备[J]. 上海涂料,2017,55(3):8 – 10.

[84]陶金铸,包春磊,王炼石,等. 金属闪光涂料用水性丙烯酸树脂

的合成及性能[J].热固性树脂,2008,23(2):28-32.

[85]潘红霞,俞剑峰.卷材涂料用水性丙烯酸树脂的制备及其性能研究[J].上海涂料,2010,48(8):20-23.

[86]闫福安,官文超.水性丙烯酸树脂的合成及其氨基烘漆研制[J].武汉工程大学学报,2003,25(2):6-8.

[87]王凌,李斌,杜新胜,等.改性丙烯酸酯乳液的研究进展[J].化工中间体,2010(11):1-5.

[88]朱玉峰,魏士杰,李凌宇,等.丙烯酸酯乳液聚合稳定性的研究[J].化学工程与装备,2012(6):33-35.

[89]周凤,郑水蓉,汪前莉,等.丙烯酸酯乳液胶粘剂的合成及性能研究[J].中国胶粘剂,2013,22(8):45-48.

[90]蔡鑫,彭育,胡萍,等.丙烯酸酯乳液胶粘剂的研究进展[J].胶体与聚合物,2012,30(3):141-144.

[91]张东阳,朱东,王木立,等.水性涂料用丙烯酸酯乳液的研究进展[J].中国涂料,2011,26(9):14-17.

[92]Zhang R H, Liang J, Wang Q. Preparation and characterization of graphite-dispersed styrene-acrylic emulsion composite coating on magnesium alloy[J]. Applied Surface Science,2012,258(10):4360-4364.

[93]王国军,王晶.汽车底盘涂料用核壳结构聚丙烯酸酯乳液的制备与性能研究[J].上海涂料,2011,49(8):1-5.

[94]Zhang F A, Yu C L. Application of a silicone-modified acrylic emulsion in two-component waterborne polyurethane coatings[J]. Journal of Coatings Technology and Research,2007,4(3):289-294.

[95]成丽,李战雄,茅沈杰,等.一种短氟链丙烯酸酯聚合物乳液制备及织物整理[J].印染助剂,2011,28(10):12-14.

［96］高宇,宋春丽,孟卫东,等.新型含氟硅丙烯酸酯核壳乳液的合成及其在棉织物上的拒水拒油性［J］.东华大学学报(自然科学版),2011,37(3):346-350.

［97］刘爽,安秋凤,许伟,等.长链含氟丙烯酸酯乳液的合成及其在皮革防水中的应用［J］.化工新型材料,2010,38(9):138-140.

［98］田春华,吴玉英,刘欣.阳离子型丙烯酸酯纸张湿强剂应用效果［J］.纸和造纸,2012,31(3):44-47.

［99］胡惠仁,徐建峰.改性苯乙烯丙烯酸酯乳液及其在表面施胶中的应用［J］.中国造纸,2011,30(2):11-16.

［100］刘桃凤,吴绥菊,朱鹏,等.低热封包装材料用丙烯酸酯乳液的合成研究［J］.南通大学学报(自然科学版),2012,11(2):47-51.

［101］宋诗高,王继虎,温绍国,等.一种新型乳化剂在丙烯酸酯乳液聚合中的应用研究［J］.中国胶粘剂,2013,22(2):35-39.

［102］费昀卿,朱玉明,李迎春,等.种子乳液聚合法制备丙烯酸酯共聚物的稳定性研究［J］.化工中间体,2012(4):57-60.

［103］杨磊,傅丽君,沈高扬,等.高固体分无凝胶丙烯酸酯乳液合成工艺探讨［J］.上海涂料,2012,50(3):1-6.

［104］许迁,温绍国,刘宏波,等.丙烯酸异辛酯在核壳型纯丙乳液中的应用［J］.中国涂料,2011,26(1):19-21.

［105］Liang J Y,He L,Li W D,et al. Synthesis and analysis of properties of a new core-shell silicon-containing fluoro acrylate latex［J］. Polymer International,2009,58(11):1283-1290.

［106］李永超,李一兵,池琛,等.SiO$_2$改性热交联型丙烯酸酯乳液的合成及性能［J］.太原理工大学学报,2013,44(3):278-283.

［107］汪鹏丰,王继虎,温绍国,等.种丙烯酸酯共聚乳液及其涂

料的制备与性能研究[J]. 中国胶粘剂,2014,23(4):42-46.

[108]陈俊,闫福安,文艳霞. 水性醇酸树脂合成及改性研究进展[J]. 涂料技术与文摘,2009(1):4-7.

[109]王瑞宏,郭晓峰,刘国旭. 自干型水性丙烯酸改性醇酸涂料的研制[J]. 现代涂料与涂装,2009,12(10):21-22.

[110]周丽琼,潘春跃,刘寿兵,等. 磺酸盐改性水性醇酸树脂涂料的制备[J]. 现代涂料与涂装,2009,12(10):19-20.

[111]刘国杰. 聚氨酯改性醇酸树脂(氨酯油)涂料水性化的研究进展[J]. 上海涂料,2009,47(11):29-32.

第4章

粉末涂料

§4.1 粉末涂料发展现状[1]

2014 年粉末涂料的环保优势得到充分发挥,在建材、汽车、重防腐等领域取代传统溶剂型涂料的明显步伐加快,因此其增速明显高于涂料行业的平均水平,在国民经济增速放缓和全球经济低迷的大背景下,中国粉末涂料行业却取得了可喜的业绩。统计资料显示,2014 年我国热固性粉末涂料实现销售总量 124 万 t,同比增长 11.2%,经过 4 年的降速和低速发展后再次恢复到两位数的增长率,见图 4-1。2014 年我国热固性粉末涂料销售收入接近 250 亿元。

然而,严重的产能过剩导致恶性低价竞争是粉末涂料行业长期存在且难以解决的顽疾,粉末涂料企业大多在非常低的利润水平上运行,极少有企业投入人力和财力从事关键技术的研究,行业发展面临困境。另外,粉末涂料产品销售环节的赊销和账期拖延问题更加突出,轻工家电行业和工程机械行业最具代表性,这种现象严重影响了粉末涂料企业的现金流,致使企业销售费用和成本不断提升,企业运行风险在加大,因此粉末涂料企业自身的盈利能力并未提高,抗风险能力较弱。

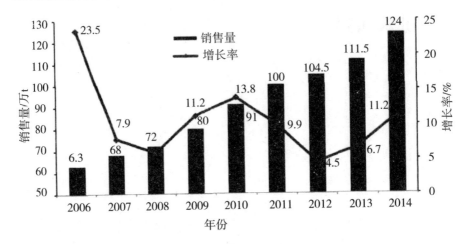

图4-1　近年来我国热固性粉末涂料市场增长情况

§4.2　粉末涂料行业地位

4.2.1　粉末涂料增长率超过涂料行业总体水平

与传统溶剂型涂料相比,粉末涂料存在涂膜外观、施工灵活性、烘烤固化等诸多方面的不足,因此仅能少部分取代溶剂型涂料的应用,然而,政府的环保政策推动对于粉末涂料的推广应用极为重要,发达国家如此,近年来中国粉末涂料行业的发展也证明了这一点。

作为涂料行业发展方向之一的粉末涂料自引入我国以来,其市场增长率始终不及涂料行业的总体发展水平,仅为1/2左右,预示着行业发展水平并不如人愿。自2013年起地方政府将限制VOC排放作为治理雾霾的重要抓手加以实施,很好地惠及了粉末涂料行业的发展。2013年我国粉末涂料的市场增长率首次高出涂料总量的增长率3.1个百分点,致使粉末涂料在我国涂料总量中所占比重呈线性下降的趋势也发生拐点,首次出现上扬的征兆。2014年在中央和地方政府不断出台环保政策、环保力度继续加大的利好外部环境影响下,我国粉末涂料销量的增速进一步加大,远远超过国内涂料总量7.87%的年增长率,因此,粉末涂料在涂料总量中所占的比重继续增大。由图4-2和图4-3可以看出,2006年我国粉末涂料占涂料总量的比重为11%,6年后的2012年已经降为8.2%,2013年止跌回升达到8.6%,2014年上升至8.9%。这样的成绩让我们看到了粉末涂料行业的希望,从一个侧面反映了政府加大环保治理力度对我国粉末涂料行业的促进作用。2014年我国的涂料市场品种结构见图4-4。

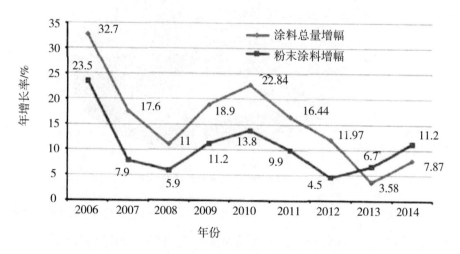

图4-2 近年来我国涂料市场增长情况及对比

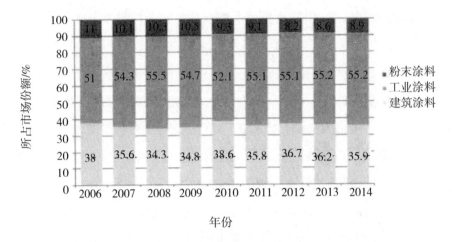

图 4-3 近年来中国涂料的品种结构变化

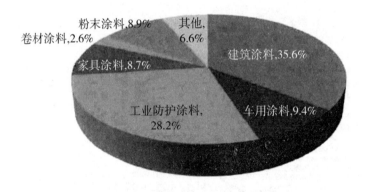

图 4-4 2014 年我国的涂料市场品种结构

2015 年 2 月 1 日,环保部、国家税务总局和财政部对涂料增收消费税正式实施,整个液体涂料行业的持续发展遭遇很大障碍,对于以粉末涂料为代表的环境友好型涂料则是非常有利的。

4.2.2 总量继续领跑全球粉末涂料业

按照 IHS 化学公司和美国粉末涂料研究会 PCI 以往的数据统计口径,结合国内粉末涂料行业的统计资料,2014 年全球热固性粉末涂料的销售量达到 233 万 t,实现 7.1% 的年增长率。多年来我国粉末涂料市场增长率一直高于全球同行业水平,因此在全球粉末涂料行业的市场份额持续增大,2014 年我国粉末涂料销售量占据全球市场的 53.2%,比 2013 年增长了 1.9 个百分点,继续稳居全球第一的地位。

从图 4-5 的全球热固性粉末涂料市场增长趋势可以看出,2008 年的金融危机对全球经济以及粉末涂料行业均产生强烈冲击,整个行业呈现负增长。在中国政府 4 万亿元投资的强力推动下,2009—2011 年我国热固性粉末涂料依然保持了较高的增长率,有效拉动了全球粉末涂料市场的增长。然而 2012 年我国粉末涂料行业增长乏力,全球经济复苏缓慢,粉末涂料主产区西欧和北美增幅不大,导致全行业再次出现负增长。2013 年的情况则完全不同,图 4-6 的统计结果显示,2013 年西欧的粉末涂料销售量增长显著,实现 39.2% 的增长率,成为拉动全球粉末涂料行业增长的主要因素,以美国为代表的美洲地区也有 13.4% 的增长率,表明这些发达经济体的经济复苏步伐加快,国内出口企业应当给予高度重视。2014 年北美地区粉末涂料市场实现 2.5% 的增长率,西欧为 2.0%,其他地区达到 4.9%,中国再次成为全球粉末涂料市场发展的引擎。

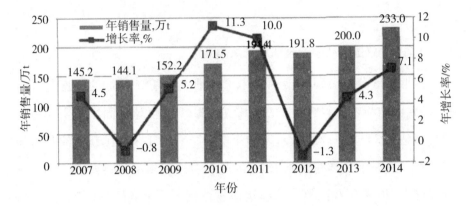

图 4 - 5　全球热固性粉末涂料市场增长趋势

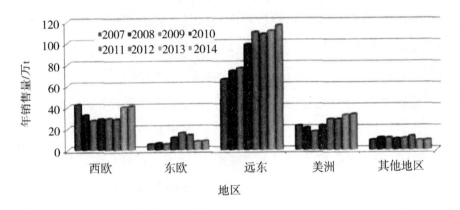

图 4 - 6　全球各地区粉末涂料产量的变化

　　值得注意的是,从 2013 年开始美国粉末涂料研究会以及相关咨询机构调整了统计口径,最大的不同在于从统计数据中扣除了我国粉末涂料销量中的低档产品部分(40 万 ~ 50 万 t),导致销售总量数据明显减少,统计数据也无法与往年数据相比较。我国是全球最大的粉末涂料生产国和使用国,这已是不争的事实,但成为粉末涂料强国所面临的困难和问题很多,需要全行业的共同努力。进口回收粉和低档产品充斥市场等现象已经严重影响了我们的国际形象,应当给予高度重视。

§4.3 粉末涂料品种结构的变化

4.3.1 粉末涂料的应用领域变化

图4-7和图4-8的统计资料显示,2014年我国粉末涂料市场上,家电粉末涂料占比22.3%,建材(含暖通)粉末涂料占据26.0%的份额,二者之和几乎占到国内粉末涂料市场的半壁江山。一般工业和家具用粉末涂料所占市场份额分别为19.3%和12.6%,3C产品用粉末涂料为7.3%,农用、工程机械及汽车用粉末涂料为6.7%,功能性和防腐粉末涂料为5.8%。

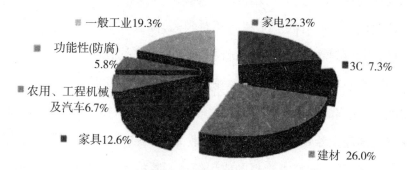

图4-7 2014年我国粉末涂料的应用领域

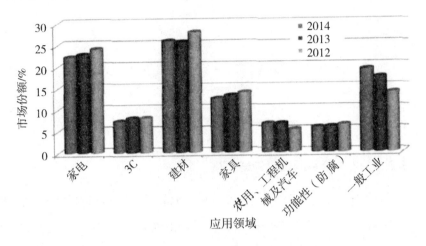

图 4-8　2012—2014 年我国粉末涂料应用领域的变化

　　与 2013 年的统计结果相比,建材用粉末涂料的市场占比在增加,家电用粉末涂料的占比在下降。与 2012 年 30 家大企业的统计结果相比,可以发现,前两年大企业在建材用粉末涂料领域所占的份额更大,预示着当时该领域粉末涂料的产品利润相对较高,随着大量粉末涂料企业进入该领域,建材用粉末涂料的产品价格和利润水平均在降低。我国粉末涂料行业起步于 20 世纪 80 年代,是随着家电行业的发展壮大而逐渐发展起来的,因此当时家电行业是我国最重要的粉末涂料应用领域,占据我国 80% 以上的粉末涂料市场份额。随着粉末涂料技术的进步,很多新技术、新产品不断引入,使粉末涂料的应用领域不断扩大,因此尽管家电粉末涂料的绝对用量在增加,但所占市场份额持续降低,2014 年的占比还不到 1/4。

　　我国经济面临结构性调整,房地产业增速明显减缓,尽管北上广等一线城市房地产市场依然较热,但中小城市房地产业面临困境已是事实,因此与房地产业密切相关的建材和家电用粉末涂料在未来几年中的增长后劲不足。加强粉末涂料关键技术的研发,探索粉末涂料新的应用领域和加快粉末涂料取代传统溶剂型涂料的步伐,成为行业发展的首要课题。

4.3.2 粉末涂料固化体系的变化

统计资料显示,2014 年我国热固性粉末涂料中,纯环氧粉末涂料占比 27.9%,环氧/聚酯混合型粉末涂料 13.0%,聚酯/TGIC 型粉末涂料 40.8%,聚酯/HAA 型粉末涂料 17.5%,其他类型粉末涂料仅占 0.8%。2013—2014 年我国粉末涂料品种结构的对比以及近年来粉末涂料不同固化体系的变化见图 4-9 和图 4-10。由此可以发现,2008 年的金融危机过后,粉末涂料两种最重要的原材料环氧树脂和聚酯树脂售价差距较大,环氧树脂售价明显高于聚酯树脂,导致粉末涂料企业在高成本压力下大幅调整产品结构和配方,逐渐采用 6:4、7:3 以及 8:2 的混合型体系替代 5:5 的混合型体系,致使环氧树脂用量大幅减少。2012 年起人们更是直接用纯聚酯体系替代混合型体系,导致混合型粉末涂料的市场份额持续走低,2014 年锐减为 13.0%。在我国粉末涂料市场上保持了 20 多年市场份额第一位的混合型粉末涂料在 2014 年退居第二位,取而代之的是聚酯/TGIC 体系。

聚酯/HAA 体系粉末涂料则受益于纯聚酯体系对混合型体系的替代,市场份额逐年递增。但市场应用证明,尽管该固化体系使用安全性较好,固化体系的固有缺陷致使其无法替代现存的 TGIC 体系,因此发展后劲不足,2014 年的表现一般,市场占有率与 2013 年基本持平。

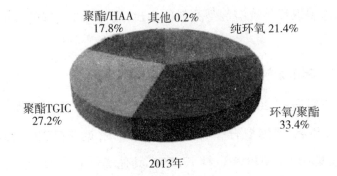

2013年

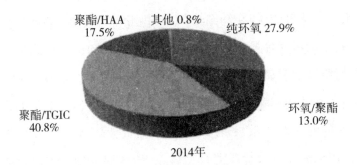

2014年

图4-9　2013年与2014年我国粉末涂料品种结构的对比

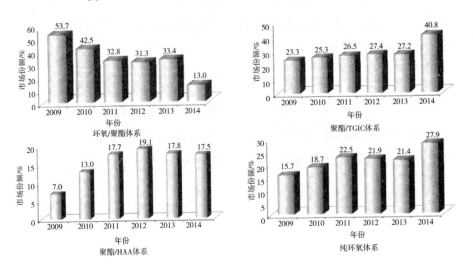

图4-10　我国热固性粉末涂料固化体系的变化

正因如此,TGIC体系粉末涂料的市场份额逐渐增加,2014年更是从2013年的27.2%突增至40.8%,取代混合型粉末涂料成为我国粉末涂料市场占比最大的类型。这种情形与以美国为代表的北美粉末涂料市场相似(见图4-11),两者均以聚酯/TGIC体系为占比最大的粉末涂料品种,混合型体系次之;而最大的不同在于北美市场上聚酯/HAA体系极少,取而代之的是聚氨酯体系。这种相似性和差异性值得研究,从而探索真正适合中国粉末涂料行业环保节能、安全健康的发展道路,避免盲目跟风。

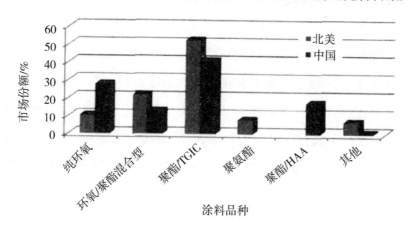

图4-11 中国与北美粉末涂料市场品种结构的对比

一系列经济政策刺激,促使基础设施建设步伐加快;油气管路、桥梁等的建设对防腐型粉末涂料的需求持续增加,以FBE为代表的防腐型粉末涂料在今后一段时间内仍将保持良好的发展态势[1]。

§4.4　热固性粉末涂料

粉末涂料主要是由树脂、固化剂、颜料、填料、助剂等混合而成的固体粉末,通过静电喷涂方式涂覆于被涂物的表面,再经过烘烤使其熔融流平,固化成膜[2]。由于不含任何有机溶剂、无污染、利用率高、能耗低、工艺简单,目前已成为大家认可的"4E型"(高的生产效率、优良的涂膜性能、生态环保、经济)涂料。根据树脂类型的不同,粉末涂料可以分为两类:一类是由热塑性树脂制备的热塑性粉末涂料,另一类是由热固性树脂制备的热固性粉末涂料。由于热塑性粉末涂料一般使用的是无极性基团且相对分子质量较大的热塑性树脂,导致树脂韧性强、粉碎困难、软化温度高、熔融温度高、流平性差、附着力不好等缺点,因此,限制了其应用。热固性粉末涂料是采用相对分子质量小的热固性树脂,在一定温度下,与固化剂进行交联反应,形成网状结构的大分子涂层。与热塑性粉末涂料相比,热固性粉末涂料性能好,产量大,使用范围广。目前,研究较多的热固性粉末涂料主要有环氧树脂粉末涂料、聚酯粉末涂料、聚氨酯粉末涂料、丙烯酸粉末涂料、氟粉末涂料、混合型粉末涂料及紫外光(UV)固化粉末涂料[3]。

4.4.1 热固性粉末涂料的制备[3]

粉末涂料与传统涂料的制备方法截然不同,所以不能采用传统涂料的方法制备。目前,粉末涂料的制备可分为两类[4]。一类是干法,包括干混法、熔融挤出法、超临界流体法等。干混法是直接将预混合的原料粉碎过筛得到产品的方法。熔融挤出法是将预混合的原料在挤出机中熔融混合,冷却后粉碎过筛得到产品的方法。超临界流体法是将原料加入加工釜中,使各组分变成流体,混合均匀,再经过喷雾和分级釜得到产品。另一类是湿法,包括蒸发法、喷雾干燥法、沉淀法、分散法等。蒸发法是将原料配成溶剂型涂料进行混合,然后通过蒸发的方式去除溶剂,最后,经冷却、粉碎、过筛得到产品。喷雾干燥法是将原料配成溶剂型涂料进行混合,溶解溶胀后研磨,再喷雾干燥得到产品。沉淀法是将喷雾干燥法的喷雾干燥过程换成液体造粒过程的方法。分散法是将原料预混合后熔融挤出、冷却、粉碎,最后分散在水中得到产品。干法操作方便、无须溶剂处理、效率高;但是混合不均匀、粒径分布宽、涂料性能差。湿法分散性好、粒径均匀;但是工艺复杂、还需处理溶剂,成本高。目前,热固性粉末涂料主要利用熔融挤出法制备,一些特殊的粉末涂料会用到其他制备方法。

4.4.2 热固性粉末涂料分类

（1）环氧树脂粉末涂料

环氧树脂粉末涂料是由环氧树脂、固化剂、颜料、填料、助剂等物质组成的热固性粉末涂料。环氧树脂是指分子中含有两个或两个以上环氧基的高分子化合物,在环氧树脂粉末涂料中,常见的环氧树脂主要有双酚 A 型或氢化双酚 A 环氧树脂、酚醛改性环氧树脂、脂肪族环氧树脂等,其结构通式如图 4-12 所示。

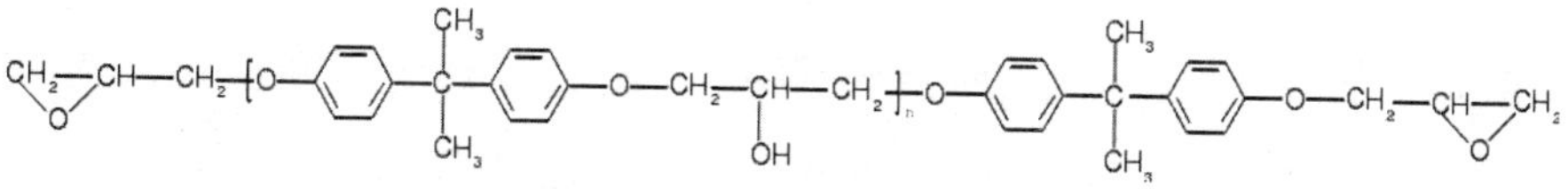

图 4-12 环氧树脂的结构式

环氧树脂分子结构中含有环氧基、羟基等官能团。由此制备的环氧树脂粉末涂料具有良好的附着力、优异的柔韧性、极佳的耐腐蚀性和抗冲击性等优点[5-7],广泛应用在船舶、管道、机械等领域;但传统的环氧树脂粉末涂料存在固化温度高、固化时间长,并且耐候性不佳等问题,从而限制了其应用。近年来,不少学者通过对环氧树脂粉末涂料配方的设计和树脂的改性,制备了可以低温固化、性能优异的环氧树脂粉末涂料。李文渊等[8]利用酚类固化剂和碱性促进剂制备了低温固化环氧树脂粉末涂料,研究发现:增加固化剂含量,涂膜的抗冲击性能先增大后减小;提高促进剂含量,可以明显降低固化反应的温度,涂膜附着力先增大后减小;当固化剂用量为环氧树脂质量的 20%、促进剂用量为环氧树脂质量的 2%时,涂膜的性能最好。Saarivirta 等[9]通过在环氧树脂中引入蒙脱土和埃洛石制备了两种不同类型的纳米复合材料,并考察了不同纳米粒子含量对其涂膜性能的影响,结果表明,纳米粒子的加入明显改善了粉末涂料的耐腐蚀性和力学性能。袭肖光等[10]利用原位聚合法将碳纳米管填充到环氧树脂中合成了环氧树脂/碳纳米管复合材料,通过对粉末涂料性能的研究发现,随着碳纳米管含量的提高,粉末涂料的储存稳定性、抗冲击性、耐腐蚀性均得到提高,但含量过多其性能又会下降。

(2)聚酯粉末涂料

聚酯粉末涂料是在环氧树脂粉末涂料之后发展起来的耐候性粉末涂料,目前以聚酯 – 异氰脲酸三缩水甘油酯(TGIC)和聚酯 – 羟烷基酰胺(HAA)为主。TGIC 和 HAA 的结构式见图 4 – 13 和图 4 – 14。聚酯粉末涂料是由端羧基聚酯树脂、固化剂、颜料、填料、助剂等组成的热固性粉末涂料。由于其优异的综合性能和较低的成本,被广泛应用于家电、交通设施、金属器材等领域;但聚酯 – TGIC 粉末涂料存在固化温度高、储存稳定性不佳且有一定毒性等问题;聚酯 – HAA 粉末涂料存在涂膜易产生针孔、耐黄变性差、耐水性不佳等问题[11],从而限制了其使用范围。

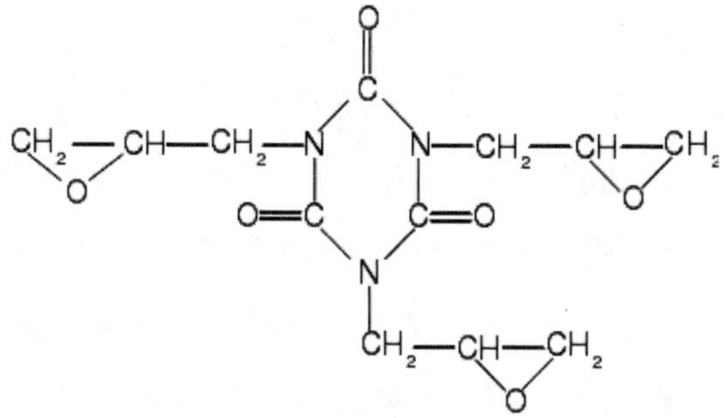

图4-13 TGIC的结构式

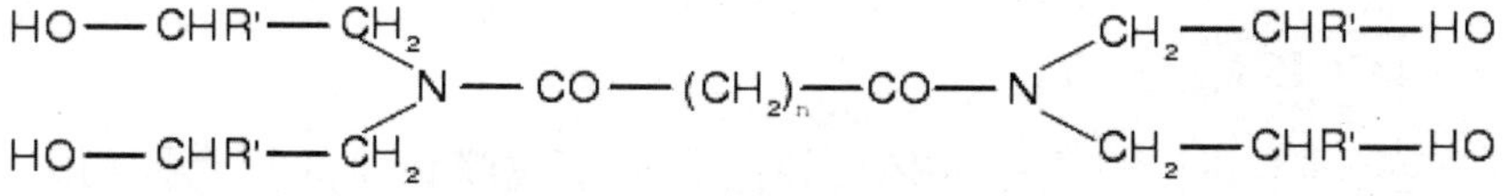

图4-14 HAA的结构式

Mirabedint 等[12]将 Al_2O_3,TiO_2,气相白炭黑三种纳米粒子混合到粉末涂料中,并研究了涂膜性能,结果表明:纳米粒子的加入明显提高了涂膜的附着力、抗拉伸强度、硬度;但断裂伸长率降低,而且不同纳米粒子对涂膜性能的影响程度不同。Diego 等[13]在聚酯中引入蒙脱土制备了纳米复合材料,研究了不同蒙脱土含量对其涂膜性能的影响,结果表明:蒙脱土的加入可以改善涂膜的耐腐蚀性;但随着蒙脱土含量的增加,涂膜热稳定性下降。陈闯等[14]通过对聚酯合成配方的设计,合成了低酸值的聚酯,并考察了不同单体含量对涂膜耐候性和抗冲击性能的影响,结果表明:增加间苯二甲酸和三羟甲基丙烷的含量,涂膜的耐候性增大;增加己二酸的含量,涂膜抗冲击性能提高。

(3)聚氨酯粉末涂料

聚氨酯粉末涂料的主要成膜物质是羟基聚酯和封闭型异氰酸酯,从组成上来看,聚氨酯粉末涂料可以归结为聚酯粉末涂料。作为一种特殊的聚酯粉末涂料,其涂膜不仅具有耐磨性强、装饰性好、耐腐蚀性优异等特点,而且在解封闭之前不发生化学反应,涂膜具有良好的流平性和储存稳定性[15],被大量应用在家电、交通、建筑等设施上;但由于解封闭之后会释放小分子封闭剂,导致涂膜易产生针孔[16],而且过高的解封闭温度不适合热敏性基材。尹正平等[17]利用多羟基核采用溶液聚合法合成了可低温固化的不饱和超支化聚氨酯低聚物。Barbara[18]利用聚硅氧烷改性聚异氰酸酯,合成了一种新型的聚氨酯粉末涂料,研究发现,涂膜具有较低的黏度和表面能,且有较高的耐磨性;但硬度和附着力下降。

(4)丙烯酸粉末涂料

丙烯酸粉末涂料是以丙烯酸树脂为主要成膜物质的热固性粉末涂料,具有耐候性强、耐化学腐蚀性佳、保色性好等优点[19],广泛应用在家电和汽车等行业;但丙烯酸粉末涂料的抗冲击性能差、价格较高,与其他粉末涂料的表面张力差异较大,与其他树脂的相容性不好。目前,工业化的丙烯酸树脂主要是缩水甘油基丙烯酸树脂,其结构式见图4-15。为了更好地发展丙烯酸粉末涂料,学者们也做了深入研究。通过优化合成配方、添加改性物质、改变聚合方法等措施,制备了性能优异的丙烯酸粉末涂料。

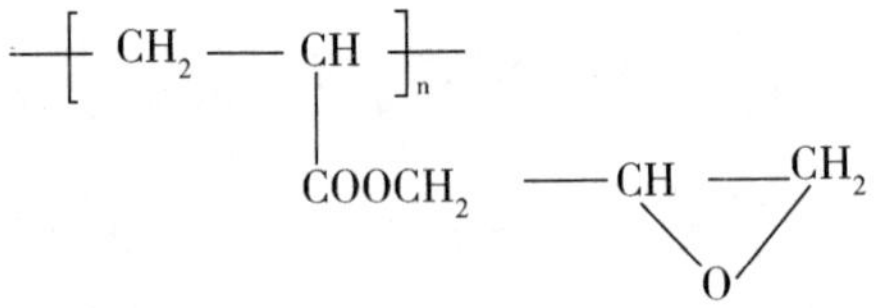

图4-15　缩水甘油基丙烯酸树脂的结构式

袁媛等[20]采用分散聚合法制备了含环氧基团的丙烯酸树脂,通过对涂膜性能的研究发现,涂膜表面光滑、抗冲击性能、附着力和硬度良好。
吴笑笑等[21]在羟基丙烯酸树脂中加入丁二酸酐和戊二酸酐制备了在柔
性支链上含羧基的丙烯酸树脂,测试其性能发现,涂膜的抗冲击性能提
高、弯曲应力和附着力增加。汪喜涛等[22]采用调节树脂的结构、加入性
能优异的 TiO_2、引入二甲基咪唑助剂和聚乙烯蜡添加剂等方式提高了丙
烯酸粉末涂料的抗冲击性能。

(5)氟粉末涂料

热塑性氟粉末涂料具有很好的耐候性、耐污染性和耐热性;但存在熔
融黏度较高、附着力较差、表面光泽度较低等问题。为避免上述问题,热
固性氟粉末涂料应运而生。热固性氟粉末涂料是在三氟氯乙烯或者四氟
乙烯与乙烯基醚(酯)共聚物的链段上带有羟基基团的粉末涂料。这种
粉末涂料不仅很好地解决了热塑性氟粉末涂料存在的缺陷,而且还具有
优异的耐候性、超强的耐化学腐蚀性、良好的分散性和附着力。巩永
忠[23]通过溶液沉淀聚合法制备了耐候性、耐酸碱性、耐盐雾性优异的热
固性氟粉末涂料;但由于氟粉末涂料存在外观不平整、力学性能差、涂膜
高温易黄变、生产工艺复杂、价格昂贵、产业化困难等缺点。因此,没有得
到大规模推广,相关的报道也较少。

(6)混合型粉末涂料

混合型粉末涂料是在纯粉末涂料的基础上发展起来的一类粉末涂
料。混合型粉末涂料的固化过程可以看作是由两种不同的树脂在一定温
度条件下相互交联固化,形成涂膜的过程。目前,混合型粉末涂料有环氧
树脂/聚酯粉末涂料(简称环氧聚酯粉末涂料)、丙烯酸树脂/聚酯粉末涂
料、丙烯酸树脂/环氧树脂粉末涂料等。丙烯酸树脂/聚酯粉末涂料存在
成膜体系复杂、树脂和固化剂配比估算困难、丙烯酸和聚酯相容性不佳等
缺点,丙烯酸树脂/环氧树脂粉末涂料存在耐泛黄性和耐光性不足等缺

点,从而限制了其推广应用。目前,使用较多的为环氧聚酯粉末涂料。环氧聚酯粉末涂料的主要成膜物质是羧基聚酯和环氧树脂,由于两种树脂品种多,根据酸值和环氧值的不同,可以制备不同特性的粉末涂料[24]。环氧聚酯粉末涂料固化过程中副产物少、不易产生针孔,并且附着力强、耐腐蚀性好[25];但环氧聚酯粉末涂料也存在固化温度高、耐候性不佳、耐碱性和耐水性差等问题。目前,业内人士通过添加促进剂、助剂合成新型树脂来制备低温固化性能优异的粉末涂料。

Mohammadreza 等[26]在环氧聚酯粉末涂料中加入纳米碳酸钙,发现纳米碳酸钙的加入使体系的活化能减小、固化时间缩短、涂膜的附着力和硬度均有明显的提升。徐晓伟等[27]合成了双键密度不同的不饱和聚酯,并加入环氧聚酯粉末涂料中,发现不饱和聚酯的加入可使粉末涂料达到低温固化(160℃固化15min),且涂膜附着力、抗冲击性能、硬度都得到了增强。

(7)UV 固化粉末涂料

20 世纪 90 年代,学者们把 UV 固化技术运用在粉末涂料中,研发了一种新型的涂料——UV 固化粉末涂料[28]。UV 固化粉末涂料是由光敏树脂、光引发剂、颜料、填料、助剂等组成的粉末状涂料。UV 固化粉末涂料是在紫外光的作用下,光引发剂引发树脂中的不饱和基团发生化学反应,交联固化形成体型结构。与传统热固性粉末涂料相比具有如下优点:在工艺上,熔融流平和固化两个过程互不影响,不存在早期固化现象,赋予了涂膜充足的时间流平和驱除气泡[29];在条件上,固化温度低、耗时短、所需的涂装设备场地较小[30];在性能上,涂膜性能更好。由于其优异的特点,因此,被应用在木材、塑料、纸张等热敏性底材上。目前,应用在UV 固化粉末涂料中的树脂有不饱和聚酯、丙烯酸树脂、乙烯基醚树脂、超支化聚合物等,要想制备低温 UV 固化粉末涂料,一般要求原料在低温条件下有低的熔融黏度,树脂要有良好的储存稳定性。

熊伟等[31]以羧基聚酯和甲基丙烯酸缩水甘油酯为原料,通过熔融法合成了可用于 UV 固化的树脂。张艳等[32]以环氧树脂和丙烯酸树脂为成膜物质,用自由基/阳离子混杂固化,合成了热稳定性和力学性能优异的粉末涂料。刘宁[33]利用自制的环氧丙烯酸酯和超支化聚氨酯为原料,合成了流平性好、熔融温度低、储存稳定性优异的 UV 固化粉末涂料。

热固性粉末涂料因其良好的附着力、平整的外观、优异的耐污染性,在粉末涂料中占据了不可替代的位置;但由于其存在固化温度高、固化时间长、熔融流平阶段的早期固化等问题,限制了其应用。虽然目前研究的 UV 固化粉末涂料和低温固化粉末涂料能很好地改善上述不足;但也引发了储存稳定性差、流动性不佳等问题。对以上问题,可以从以下几方面改善:①合成新型树脂或对树脂进行改性,从根本上改进粉末涂料的性能;②选择适当的固化剂;③改进粉末涂料配方,研究出满足要求的最佳配方。随着粉末涂料研究的不断深入,未来粉末涂料将会朝着环保化、功能化、节能化、低成本等方向发展,应用领域将不断扩大。

§4.5   超细粉末涂料

4.5.1   超细粉末涂料[34]

细粉是指颗粒粒径小于 $30\mu m$ 的粉末涂料,包括粒径在 $25\mu m$ 以下的超细粉。普通的粉末涂料颗粒粒径一般都在 $30\sim40\mu m$,形成的涂膜表面远不如液体涂料美观。超细粉末涂料形成的涂层厚度可以从常规的

60～100μm 降低至 30～40μm,并且具有很好的表面平整度、光泽,可以与液体涂料达到相近的效果[35]。因此,这类颗粒成功实现工业应用,既能降低涂层厚度,大量节约成本,又能得到非常好的涂层表面。超细粉末涂料在实现工业生产和应用的过程中也遇到了一些技术问题。首先是在制备超细粉的过程中,磨机产率明显下降,生产效率降低,增加了制粉成本。同时,超细粉相对普通粗粉对温度更加敏感,在粉碎过程中,磨机产生的热量容易使超细粉熔融结块。因此需要改进磨机的结构,使其适用于超细粉末涂料的粉碎分级。此外,超细粉的应用必须克服一个重大的技术难题,即超细粉的团聚问题。图 4－16 展示了 Geldart 的颗粒分类标准[36]。

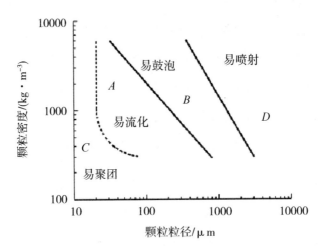

图 4－16 Geldart 颗粒分类

超细粉颗粒属于 C 类颗粒,其特点是颗粒之间的相互作用力已经远远超过了颗粒自身的重力,极易相互粘连,形成团聚,在静电喷涂的过程中很难像普通粉那样正常流化,会经常堵塞输送管道[37]。超细粉颗粒之间的相互作用力主要是范德华力[38]。尽管超细粉涂料的生产和应用面临上述困难,但是超细粉可以实现比普通粉更优质美观的涂膜外观,节省原料,降低生产成本,还有着巨大的市场需求,这些优势吸引着人们不断加大对超细粉涂料研究的投入,探索可行的制备方法。这些研究主要分为两个类型,一种是加入外力改变流化条件,包括气压[39]、震动[40]、离心力[41]、磁场[42]、声和电场[43]等,这些处理虽然能够起到改善流化效果的作用,但是需要外力激发以及加入磁性材料等添加剂,使得流化过程消耗大量的额外能量,成本高,工业应用不多[44]。另一种是在超细粉中加入助硫化剂,以减小粉末颗粒之间的相互作用力。Hollenbach[45]、Castella-nos[46]等的实验通过加入很小比例的助硫化剂,显著改善了超细粉的流化效果。还有一些研究者对超细粉助硫化剂的种类和选择作了相关报道[47-49],在这些报道中,通过对助硫化剂种类和用量的正确把握,可以实现粒径在 10 ~ 25 μm 的超细粉颗粒的正常流化甚至喷涂应用。利用这类方法制备的涂层,与普通粉相比,涂层表面粗糙度可降低 80% ~ 90%,涂层厚度可降低到接近液体涂料的水平。郭黎晓[50]经过大量的实验,包括小试实验、中试生产设备的设计选用及最终成型,在全球范围内首次实现了超细粉末涂料的工业化生产和应用。

4.5.2 超细粉末涂料的制备

超细颗粒的制备是开展其物性研究以及超细颗粒材料获得应用的前提。超细粉末涂料的生产过程与普通粉末涂料的生产工艺类似,主要包括原材料的预混合、熔融挤出、冷却破碎、细粉碎和分级过筛、产品包装等过程,只是在粉碎分级的程度上和助硫化剂的选用上有所不同。因为超细粉的平均粒径更小,对粉碎分级的要求更高。目前大部分超细粉末涂料的粉碎分级,在实际生产过程中还是沿用普通粉末涂料生产的一整套设备,包括空气分级磨(又叫 ACM 磨)、旋风分离器、筛分机、袋式过滤器等。所不同的是在生产超细粉末涂料时,需要降低片料进料速率,调整分级机转速,并更换更高效的袋滤器。除了传统的机械粉碎外,研究人员还报道了一些特殊的制备超细粉末涂料的方法。杨培[51]报道了一种采用超临界 CO_2 工艺制备热固性超细粉末涂料的方法:将原材料混合物在超临界 CO_2 流体中充分分散,通过喷嘴喷入膨胀室,在膨胀室内急速膨胀得到热固性超细粉末涂料。这种方法制备的粉末涂料,粒径在 $10 \sim 20\mu m$,粒径分布均匀、几何结构均一,涂层厚度在 $30 \sim 50\mu m$ 之间。

郭黎晓[52]将粉末涂料原料溶解在有机溶剂中,经过高速分散或磨砂机研磨后得到分散均匀的液体混合物,再通过加压气雾喷雾干燥制备出超细粉末涂料,其粉末颗粒呈球状,粒径为 $10 \sim 25\mu m$,不需加入或加入少量助硫化剂就可以较好流化。其后,郭黎晓[53]采用类似的方法,制备出粒径为 $5 \sim 10\mu m$ 的氟碳超细粉末涂料,该涂料在金属板上形成的涂层厚度为 $15 \sim 25\mu m$,并具有很平整的表面效果。上述制备超细粉末涂料的方法,相对于传统的机械粉碎法能够得到外形更接近球形的粉末颗粒。研究[52]表明粉体越是接近球形结构,越不容易团聚。所以用这些方法制备的超细粉末涂料,不仅在粒度分布上更集中,而且比较容易分散流化喷涂。但这些方法条件较为特殊,实际生产成本较高,而且也有生产安全风险。目前,超细粉末涂料的生产主要还是采用传统机械粉碎的方式,随着超细粉末涂料的不断推广应用,探寻与超细粉末涂料相匹配的粉碎技术和设备,将会是提高超细粉末涂料生产效率的有效途径。

4.5.3 超细粉末涂料的流化

要实现粉末涂料的细粉化,首先要解决超细粉的流化问题。Castella-nos 等[54]对不同粒径、不同形状的超细粉进行了大量的流化实验,并采用改进的 Richardson – Zaki 模型模拟了颗粒团聚物的形成,据此可以预测颗粒团聚物中的平均颗粒数量 N,以及颗粒团聚物的半径与超细粉颗粒的半径之比 k,这对研究超细粉的流化具有理论指导意义。依据目前的文献报道,改善超细粉流化的主要方法,是在主体超细粉里引入一些粒径比超细粉本身小很多的客体颗粒,作为助硫化剂,以改变超细粉颗粒之间的相互作用力,使超细粉易于分散,起到改善流化的作用。Nishida 等[55,56]较早使用了添加润滑剂的方法,该方法使用小于 $1\mu m$ 的氧化铝和二氧化钛作为添加剂,经过高速混合吸附在超细粉体表面,得到了粒径在 $715\mu m$ 的具有较好流动性的粉体产品。但是添加剂用量较大,影响了涂层的光泽度和平整性等性能。Lucarelli 等[57]采用添加助硫化剂的方法,该方法加入 $0.1\% \sim 2\%$ 的助硫化剂就可以改进超细粉末涂料的流化性能,尽管无法得到理想的表面效果,但是在实现工业生产的进程中又迈进了一大步。Zhu 等[48,58]和 Kittle 等[59]报道了一系列可以作为超细粉涂料助硫化剂的无机物颗粒,其中助流化效果较好的是氧化铝、氢氧化铝、硅酸铝和二氧化硅。

超细粉末涂料技术是粉末涂料近年来一项重要的技术革新,蕴藏着巨大的市场前景和社会效益。超细粉末涂料产品具有涂层薄、表面平整的优点,克服了粉末涂料的两大缺点,为粉末涂料的推广应用创造了广阔的空间。超细粉末涂料的应用可以减少有机气体对环境的污染,同时节约能源。超细粉末涂料技术的关键是制备粒径为 $10 \sim 20\mu m$ 的粉末涂料,并使粉体保持较好的流动性能,其涂装应用和普通粉末涂料在喷涂设备、工艺上大致相同,只需根据具体情况对操作参数进行微调即可。超细粉末涂料的研发是十几年来粉末涂料行业的重大研究课题,目前已经拥有比较完备的生产喷涂工艺,也存在着一些不足之处。首先,在生产制备方面还需要改善,进一步降低生产成本,使其不仅适用于高档粉末涂料巾场,也能在低档粉末涂料市场推广。此外,如何进一步改善超细粉的流化性能也是一个需要继续深入研究的问题,包括更好的粒径分布控制和更高效的助硫化剂及其合成方式的研究开发。

§4.6 聚酯树脂基粉末涂料

揭唐江南等[60]以聚酯树脂为基础,通过工艺实验和测试分析,对粉末涂料的组成、配比和制备工艺参数进行系统研究,以期获得一种低成本以及耐折弯、耐候性能均优异的聚酯树脂基粉末涂料。粉末涂料在工业生产中日益得到广泛应用,但目前国内研制的性能优异的粉末涂料及相应的涂装技术相对较少。通过研究聚酯树脂、固化剂、颜料、填料、助剂等原辅材料种类及配比对涂膜性能的影响规律,确定出以 P_{9335} 聚酯树脂为基材,以异氰脲酸三缩水甘油酯(TGIC)为固化剂,以金红石型 R_{996} 钛白粉为颜料,辅加硫平剂及其他助剂,按照一定配比混合制备成聚酯树脂基粉末涂料。涂膜试验结果表明:涂层外观光滑平整,与基材结合力强,抗冲击、抗划伤及耐候性能均较为优异。

4.6.1 粉末涂料基本配方

聚酯树脂基粉末涂料基本配方见表4-1。

表4-1 聚酯树脂基粉末涂料基本配方

组成	w/%	备注
树脂（CE_{2077} · P_{5086} · P_{9335} · 1000H）	60.0 ~ 90.0	在透明粉末涂料中用量大
固化剂（TGIC）	0 ~ 35.0	在热塑性粉末涂料中为0，在聚酯环氧粉末涂料中为35.0%
颜料 R996，AT316，A01 - 01	1.0 ~ 30.0	在黑色粉末涂料中为1.0%，在纯白色粉末涂料中为30.0%
填料（沉淀硫酸钡、消光硫酸钡、轻质碳酸钙）	0 ~ 50.0	在透明粉或锤纹粉中为0，在砂纹、皱纹粉中高达50.0%
助剂（光亮剂 C701、自制偶联剂、边缘覆盖剂等）	0.1 ~ 5.0	不同助剂品种的用量范围差别较大

4.6.2 聚酯树脂基粉末涂料制备

聚酯树脂基粉末涂料制备工艺流程:树脂、固化剂、助剂、颜料、填料混合→挤出→压片→粉碎→喷涂→烘烤→成品。首先将所用树脂、颜料、固化剂、填料、助剂按配方称重,放入 CHJ - 500 高速混合机中,开启破碎与混合功能 5 ~ 8min,然后在 SLJ - 40G 双螺杆挤出机中熔融挤出,喂料速度 1000r/min,主螺杆转速 2500r/min。一区温度 95℃左右,二区温度 110℃左右,接下来在 JFY - 5010 冷却压片机中通过,传送带与压片机转速 1000r/min。最后放入 ACM - 30 磨粉系统,主磨 5000r/min,副磨 2600r/min,具体根据所需粒径（一般 D50 要求 33 ~ 37μm）及时调整主磨、副磨、喂料转速和风机风量,得到聚酯树脂基粉末涂料样粉。

4.6.3　聚酯树脂基粉末涂料性能测试

采用静电枪喷涂 30g 样粉(空气压力 0.38MPa,静电高压 76kV)在给定铁质基片上,放入 180℃烘箱,经过 15min 固化处理,对得到的最终涂膜进行性能测试和分析。采用 KGZ—IB 光泽度仪测定涂膜光泽度;采用 HCC-18 涂膜厚度仪测定涂膜厚度;粒度分布采用 JL-1177 激光粒度测试仪测定;不挥发物含量测定按 GB 6554-2003 中规定方法测定;熔融流动性按 ISO 8130-11:1997《倾斜版流动性的测定》方法进行;胶化时间测定依据 GB/T 16995—1997《热固性粉末涂料　在给定温度下胶化时间的测定》方法;冲击强度按 GB/T 1732—1993《漆膜耐冲击测定法》方法,采用 QCJ 涂膜冲击器进行测试;附着力采用 GB/T 9286—1998《色漆和清漆　涂膜的划格实验》方法,采用多刃切割刀具进行测试;耐候性能采用人工加速老化试验,在紫外线加速耐候试机中,参照 GB/T 1865—2009 并间隔取样,4h 辐照,4h 冷凝,20min 喷淋(循环 5 次)对涂层性能进行测试。

4.6.4　不同聚酯树脂的性能对比

粉末涂料所用的聚酯树脂多属于饱和型聚酯,通常从其端基活性基团的类型来划分,可分为端羧基聚酯和端羟基聚酯两大类[61]。聚酯粉末涂料大多采用端羧基聚酯树脂。端羧基聚酯树脂的酸值为 20～100mgKOH/g,相应的数均分子量在 2000～8000 之间。中、高酸值(45～85mgKOH/g)的聚酯树脂可用于环氧/聚酯混合型粉末涂料中,其施工性、装饰性、储存稳定性以及价格方面都具有较大优势。低、中酸值(20～45mgKOH/g)聚酯树脂可用异氰脲酸三缩水甘油酯(TGIC)作固化剂[62],主要用于制备耐候性能优越的纯聚酯粉末涂料。

树脂的结构和性能是决定粉末涂料质量与涂膜性能的主要因素,所以一般要求树脂应具备下列技术条件:①必须含有活性官能团,使得在烘烤成膜时可形成网状结构;②熔融温度和反应温度之间的温差应较大,以方便施工;③为了得到流平性较好的涂膜,要求树脂的熔融黏度低,范围窄,当达到熔点以上温度时,黏度要迅速下降;④树脂的物理、化学稳定性好,便于回收利用;⑤树脂具有较高的玻璃化温度和熔点以易于粉碎;⑥树脂颜色宜浅,透明,无毒。为了比较不同品牌聚酯树脂的使用性能,将不同厂家的聚酯产品根据相同白高光配方进行实验测试,测试结果见表4-2。

表4-2 不同聚酯树脂的参数及影响

聚酯型号	CE_{2077}	P_{5086}	P_{9335}	1000H
t(胶化,180℃)/s	512	300	240	330
熔融流动性(180℃)/mm	26	25	23	28
软化点/℃	120	96	118	110
酸值/(mgKOH · g^{-1})	30	50	25	40

由表4-2可知,四种树脂熔融流动性接近,CE_{2077}与P_{9335}为低酸值树脂,P_{5086}与1000H为中酸值树脂。采用TGIC固化体系,选择低酸值树脂进行配比,其中CE_{2007}型树脂胶化时间最长,P_{9335}型树脂胶化时间最短。胶化时间长,有利于涂膜流平,不利于固化反应,不利于生产控制。因此,在实验中选择酸值在25mgKOH/g左右,胶化时间在240s左右的P_{9335}聚酯树脂。

4.6.5 固化剂选用技术依据及配比

固化剂是树脂改性和成膜的一个重要因素,它直接影响着粉末涂料的质量和涂膜性能。因此,选择合适的固化剂至关重要,它应具备下列条件:①固化剂常温下是粉末状、粒状或片状;②固化剂具有较高化学和物理稳定性;③固化剂应无毒(低毒)、无刺激性,在烘烤成膜过程中,最好不释放异味和有害气体;④固化剂应无色,不能使涂膜着色和外观受到影响。聚酯树脂类粉末涂料中固化剂理论用量一般依据下式计算:B : D_1 = TGIC 当量(g):羧基聚酯当量(g),其中 B, D_1 分别为固化剂、羧基聚酯用量。

他们侧重于制备耐折型、耐候型粉末涂料,目前市场上替代 TGIC 的产品单一,价格昂贵,且产品性能不能完全符合要求,市场占有率很低,所以本工作选择通用性更强的 TGIC 作为其固化剂。查表可知[62],TGIC 当量为 107,酸值为 25mgKOH/g 的酸基聚酯当量为 2244,计算可得固化剂与聚酯用量之比应为 6%。按不同配比配料,研究固化剂对涂膜性能的影响,结果见表 4 – 3。由表可知:TGIC 的用量为 6% 时,耐冲击性略差;TGIC 用量达到 10% 时涂层的光泽度会受到影响;当 TGIC 用量为 7% 时,涂膜光泽较高,正反冲击强度好。由于 TGIC 具有一定毒性,近年来多致力于 TGIC 替代品的研究工作,但是效果尚难达到工程实践要求,相关研究工作仍在进行中[62]。

表 4 – 3　TGIC 用量对涂膜性能的影响

m(聚酯 P_{9335})/ m(固化剂)	94/6	93/7	90/10
涂膜外观	光亮丰满、轻桔纹	光亮丰满、轻桔纹	光亮丰满、轻桔纹
60°光泽度/%	96	94	90
冲击强度/(N·cm)	正冲 500,反冲 200	正、反冲各 500	正、反冲各 500

在制备聚酯树脂基粉末涂料的过程中,聚酯树脂与固化剂种类与配

比对涂膜性能的影响最为显著,在选择时要综合考虑各组分之间的极性关系和相容性。以 P_{9335} 聚酯树脂为基材,以 TGIC 为固化剂,以金红石型 R_{996} 型钛白粉为颜料,配以流平剂等其他助剂,按照一定配比混合制备成聚酯树脂基粉末涂料,涂膜试验结果表明,涂层外观光滑平整,与基材结合力强,抗冲击、抗划伤及耐候性能均极为优异。

参考文献

[1]刘泽曦. 中国粉末涂料行业发展现状之 2014[J]. 中国涂料,2015,30(12):1-15.

[2]王善志. 我国粉末涂料市场现状与前景分析[J]. 中国高新技术企业,2013,(34):1-3.

[3]何明俊,胡孝勇,柯勇. 热固性粉末涂料的研究进展[J]. 合成树脂及塑料,2016,33(4):93-97

[4]南仁植. 粉末涂料与涂装技术[M]. 北京:化学工业出版社,2014:350-364.

[5]Salla J M,Morancho J M,Cadenato A,et al. Non-isothermal degradation of a thermoset powder coatings in inert and oxidant atmospheres[J]. Journal of Thermal Analysis and Calorimetry,2003,72(2):719-728.

[6]Mafi R,Mirabedini S M,Attar M M,et al. Cure charactertization of epoxy and polyester clear powder coatings using differential scanning calorimetry(DSC)and mechanical thermal analysis(DMTA)[J]. Progress in Organic Coatings,2005,54(3):164-169.

[7]Barletta M,Lusvarghi L,Mantini F,et al. Epoxy-based thermosetting powder coatings:surface appearance,scratch adhesion and wear resistance[J]. Surface and Coatings Technology,2007,201(16/17):7479-7504.

[8]李文渊,曹有名.低温固化环氧粉末涂料的研究[J].涂料工业,2014,46(10):7-11.

[9]Saarivirta H E,Vaganov G V,Yudin V E,et al. Characterization and corrosion protection properties of epoxy powder coatings containing nanoclays[J]. Progress in Organic Coatings,2013,76(4):757-767.

[10]裘肖光,江国华,王小红,等.碳纳米管/环氧树脂复合粉末涂料的制备及其性能研究[J].浙江理工大学学报,2013,30(6):838-843.

[11]胡宁先.HAA在耐候粉末涂料中的应用[J].现代涂料与涂装,2014,17(10):18-22.

[12]Mirabedini S M,Kiamanesh A. The effect if micro and nanosized particles on mechanical and adhension properties of a clear polyester powder coating[J]. Progress in Organic Coatings,2013,76(11):1625-1632.

[13]Diego P,Debora S S,Natalia P L,et al. Polyester-based powder coatings with ontmorillonite nanoparticles applid in carbon steel[J]. Progress in Organic Coatings,2012,73(1):42-46.

[14]陈闯,李勇,刘亮,等.户外粉末涂料用聚酯树脂的制备与性能研究[J].涂料技术与文摘,2015,36(2):7-9.

[15]陈玉滨.聚氨酯粉末涂料用羟基聚酯树脂的合成[J].现代涂料与涂装,2010,13(6):25-27.

[16]Spyrou E,Metternich H J,Franke R. Isophorone diisocyanate in blocking agent free polyurethane powder coating hardeners:analysis,selectivity,quantumchemical calculations[J]. Progress in Organic Coatings,2003,48(2/3/4):201-206.

[17]尹正平,刘治猛,杨卓如.低温固化粉末涂料用不饱和超支化聚氨酯低聚物的合成[J].化工新型材料,2012,40(4):42-145.

[18]Barbara P P. Polyurethane powder coatings containing polysiloxane [J]. Progress in Organic Coatings,2014,77(11):1653-1662.

[19]Zhou Z F,Xu W B,Fan J X,et al. Synthesis and charaterizatiion of carboxyl group-containing acrylic resin for powder coatings[J]. Progress in Organic Coatings,2008,62(2):179-182.

[20]袁媛,潘明旺,袁金凤,等.分散聚合法制备粉末涂料用丙烯酸酯树脂[J].高分子材料科学与工程,2009,25(5):15-18.

[21]吴笑笑,周正发,孙芳,等.羧基在柔性支链上的丙烯酸树脂的合成及固化[J].热固性树脂,2015,30(1):13-16.

[22]汪喜涛,都魁林,刘亚康.丙烯酸粉末涂料耐冲击性影响因素的研究[J].涂料工业,2011,41(2):29-32.

[23]巩永忠.热固性氟粉末涂料的制备及其应用研究[J].中国涂料,2010,25(1):27-31.

[24]张华东.混合型粉末涂料[J].涂装与电镀,2009(3):11-12.

[25]Mafi R,Mirabedini S M,Naderi R,et al. Effect of curing characterization on the corrosion performance of polyester and polyester/epoxy powder coatings[J]. Corrosion Science,2008,50(12):3268-3280.

[26]Mohammadreza K,Shahin A,Ali N,et al. Effect of nanosized calcium carbonate on cure kinetics and properties polyester/epoxy blend powder coatings[J]. Progress in Organic Coatings,2011,71(2):173-180.

[27]徐晓伟,吕建,韩俊华,等.节能型聚酯/环氧粉末涂料研究[J].涂料工业,2010,40(12):45-48,52.

[28]Paul M. Ultraviolet-curable powder coatings the marriage of two compliant technologies[J]. Metal Finishing,1998,96(1):38-41.

[29]Paul M. Performance of UV-curable powder coatings[J]. Focus on

Powder Coatings,2003(9):2 - 3.

[30]Michael K. A comprehensive review of UV curable powder coatings [J]. Focus on Powder Coatings,2012(11):2 - 3.

[31]熊伟,周正发,徐卫兵. 熔融法合成紫外光固化粉末涂料用树脂[J].涂料工业,2008,38(1):41 - 43.

[32]张艳,郭金宝,魏杰. 自由基/阳离子混杂光固化粉末涂料性能研究[J].北京化工大学学报(自然科学版),2009,36(5):40 - 45.

[33]刘宁. 环氧树脂/聚氨酯型 UV 固化粉末涂料的合成及性能研究[D].广州:华南理工大学,2010.

[34]郑博凯,张辉,邵媛媛,等. 超细粉末涂料的研究进展[J]. 涂料工业,2017,47(8):76 - 82.

[35]Zhu J X,Zhang H. Ultrafine powder coatings:An inno - vation[J]. Powder Coating,2005,16(7):39 - 47.

[36]Geldart. Types of gas fluidization[J]. Powder Technology,1973,7(5):285 - 297.

[37]Zhu J X. Advances in granular materials:fundamentals and applications[C]. London:Royal Society of Chemistry,2003:270 - 295.

[38]Visser J. Vander waals and other cohesive forces affecting powder fluidization [J]. Powder Technology, 1989, 58(1):1 - 10.

[39]Kono H O, Huang C C, Xi M. Function and mechanism of flow conditioners under various loading pressure conditions in bulk powders[J]. Powder Technology,1990,63(1):81 - 86.

[40]Xu C B,Zhu J X. Parametric study of fine particle fluidization under mechanical vibration [J]. Powder Technology,2006,161(2):135 - 144.

[41]Qian G H, Lan W, et al. Gas - solid fluidization in a centrifugal

field [J]. American Institute of Chemical Engineers, 2001, 47 (5):
1022 – 1034.

[42]Dave R N, Wu C Y. Magnetically mediated flow enhancement for
controlled powder discharge of cohesive powders[J]. Powder Technology,
2000,28(1):9 – 19.

[43]Montz K W, Butler P B, Beddow J K. Acoustic interactions with sur-
face – adhered fine particles[J]. Applied Acoustics,1989,28(1):9 – 19.

[44]Chen Y H, Yang J. Fluidization of coated group C powders[J]. A-
merican Institute of Chemical Engineers,2008,54(1):104 – 121.

[45]Hollenbach A M, Peleg M, Rufner R. Interparticle surface affinity
and the bulk properties of conditioned powders[J]. Powder Technology,1983,
35(1),51 – 62.

[46] Castellanos A, Alberto T. Flow regimes in fine cohesive powders
[J]. Physical Review Letters,1999,82(6):11 – 56.

[47] Franks J R, Pettit J. Thermosetting powder coating compositions
containing flow modifiers:US 5212245[P]. 1993 – 5 – 18.

[48]Zhu J, Zhang H. Fluidization additives to fine powders:US6833185
[P]. 2004 – 12 – 21.

[49]Ishida M, Uchiyama J. A novel approach to a fine particle coating u-
sing porous spherical silica as core particles[J]. Drug Development and In-
dustrial Pharmacy,2014,40(8):1054 – 1064.

[50]郭黎晓. 超细粉末涂料的推广应用[Z].安徽:中国粉末涂料与
涂装年会,2007.

[51]杨培. 热固性超细粉末涂料及其制备方法:104559694[P].
2014 – 12 – 31.

[52]郭黎晓. 超细粉末涂料及其制备方法:1706891［P］. 2004 - 6 - 7.

[53]郭黎晓. 一种超细粉末涂料、其制备方法及其涂层金属板:101906260［P］. 2010 - 12 - 8.

[54]Castellanos A,Valverde J M,Quintanilla M A. Aggregation and sedimentation in gas - fluidized beds of cohesive powders［J］. Physical Review, 2001, 64(4):041304

[55]Nishida,Kiyoshi,Tsutomu,et al. Powder coating:US5498479［P］. 1996 - 3 - 12.

[56]Nishida,Kiyoshi,Tsutomu,et al. Powder coating:US5567521［P］. 1996 - 11 - 22.

[57]Lucarelli,Michael A. Powder coating composition:US6228927［P］. 2001 - 5 - 8.

[58]Zhu J X,Zhang H. Method and apparatus for uniformly dispensing additive particles in fine powders:US7878430［P］. 2006 - 11 - 20.

[59]Kittle K J, Rushman P F. Powder coating compositions and their use:US5635548［P］. 1997 - 6 - 3.

[60]揭唐江南,任 杰,田广科,等. 聚酯树脂基粉末涂料的制备及性能［J］. 材料保护,2017,50(2):56 - 60.

[61]孙益民. 全球粉末涂料行业发展介绍［J］. 中国高新技术企业,2013,35:6 - 8.

[62]张俊智,周师岳. 粉末涂料与涂装工艺学［M］. 北京:化学工业出版社,2008:1 - 15,83 - 84.

第 5 章

功能涂料

功能涂料除了具有常规的装饰和保护功能外,主要是提供特殊功能,是涂料的一个重要分支。随着国民经济的发展和科学技术的进步,功能涂料将在更多方面提供和发挥各种更新的特殊功能。功能涂料可分为热功能涂料、防污功能涂料、防水功能涂料、防火功能涂料、防腐功能涂料、耐磨功能涂料、导电功能涂料、其他功能涂料等。

§5.1 热功能涂料

热功能涂料包括耐高温涂料、隔热保温涂料和示温涂料。

5.1.1 耐高温涂料

耐高温涂料一般指能长期承受 200℃ 以上温度,漆膜不变色、不脱落,仍能保持适当的物理力学性能,使被保护对象正常发挥作用的功能性涂料。耐高温涂料主要由耐高温基料和颜填料组成,其耐高温性能与基料、颜填料,以及颜填料与基料的匹配有关。一般按基料的不同,将耐高温涂料分为有机耐高温涂料和无机耐高温涂料。有机耐高温涂料主要是有机硅类耐高温涂料,这是因为硅氧键键能高达443kJ/mol,并且有机硅高聚物中Si原子上连接的烃基受热氧化后,生成高度交联的Si—O—Si键,形成Si—O链保护层,减轻了高温环境对高聚物内部的影响。纯有机硅树脂的高温防腐能力及耐溶剂性能较差,机械强度和附着力也不理想,常用环氧树脂、聚酯树脂对其改性,改性后其耐高温性下降较小。Chen-Hu等以聚硅氧烷和铝粉分别作为基料和颜料制备了一种耐热涂料。这种涂料在600℃以下具有很低的红外辐射系数,到650℃时,涂层表面才有少量的黑点,说明该涂层能承受650℃高温。有机耐高温涂料的耐高温上限不及无机耐高温涂料;无机耐高温涂料耐温可达400～1000℃甚至更高,但其漆膜脆,硬度高,弯曲时易开裂。常用的几类耐高温涂料有癸酸乙酯耐高温涂料、磷酸盐耐高温涂料、硅溶胶耐高温涂料以及硅酸盐耐高温涂料。耐高温涂料广泛用于石油、化工、冶金、交通、宇航、机电、兵器等领域[1]。

(1)有机高温防护涂料[1]

有机耐高温聚合物及涂料的发展特点是在原有基础上不断提高性能、降低成本,推动低污染、功能化新产品的出新,促进防腐蚀工业的发展。提高涂料耐高温性能的研究主要集中在对基体树脂的探索上,如杂环聚合物、梯形聚合物和有序聚合物的研究。目前有机耐高温涂料主要包括有机硅树脂、杂环聚合物类、含钛聚合物类等。

(A)有机硅树脂

有机硅耐高温涂料一般由纯有机硅树脂或经过改性的有机硅树脂为基料,配以无机耐高温的填料、溶剂和助剂组成,具有优良的耐热、耐辐射、耐水、耐化学腐蚀和电绝缘等性能。其清漆可耐200～250℃高温,添加金属粉末、玻璃料等功能填料可制成耐300～700℃的高温防护涂料。近年来国内对有机硅高温涂料的研究主要集中在对有机硅树脂的改性，以及耐高温填料的加入对涂料高温性能的影响等方面，并取得了长足的进步，已形成耐高温防腐涂料、耐高温绝缘涂料和耐高温阻燃涂料等各类功能性涂料。但在水性、光固化以及耐更高温度等级的有机硅高温涂料等方面的研究与国外相比还存在较大差距，为此有机硅高温防护涂料的功能化和水性化已逐渐成为研究热点。水性涂料以应用不受场合限制，不需要特殊的设备与涂装工具，低VOC、低毒性等优点成为涂料主流发展方向。因此，应大力发展水基、无溶剂、低黏度、高固含量的有机硅耐高温涂料研究，并且向高性能、多功能和复合化方向发展。如引入新型的有机取代基，通过改性处理提高结构性能；通过探索、研究新型合成技术，开发特殊功能性材料。

目前的有机硅高温防护涂料研究方向包括：①引入纳米技术耐高温聚合物，利用微观复合和宏观复合技术，达到改善涂层强度和韧性，提高耐高温性能的目的；②在有机硅主链上引入各种杂环或其他耐热环状结构以及杂原子等官能团，如碳硼烷笼形结构、杂环耐热基团等；也可以在有机硅主链上引入二茂络铁等络合物结构，大幅度提高有机硅树脂的耐热性和力学性能；③开发以硅为主链的梯形聚合物，该聚合物耐温等级可达1300℃，同时涂层在1200℃下仍具有一定的强度；④倍半硅氧烷及聚合物的合成技术研究。笼形六面体倍半硅氧烷是有机/无机杂环材料中具有特殊性能的一类新型杂环材料，不仅兼具无机物和有机物的特性，而且由于材料组成的可调性，还具有单一无机物和有机物无法比拟的独特性能；⑤超支化耐热聚合物的研究，超支化聚合物可通过单体的直接聚合，简单易得，且在分子结构的表面上具有很高的官能度，在有机溶剂中溶解度大。与线型分子相比，其溶液黏度低，玻璃化转变温度较高；与树枝状聚合物相比更易实现规模化工业生产,具有良好的应用潜力。

(B)杂环聚合物类

聚酰亚胺作为杂环聚合物家族中的一员,不仅具有优良的电性能、耐辐射和耐化学药品性,还具有更为优异的耐高温性能,其分解温度可达600℃,是当今有机聚合物中热稳定性最好的品种之一。同时还具有优异的耐低温特性、良好的机械性能以及与金属相近的热膨胀系数等性能。因此在航空领域的高温防护中得到了应用。

(C)含钛聚合物类

钛聚碳硅烷树脂在200～700℃下的质量损失率约为10%,易溶于有机溶剂。加入适量填料可制成耐高温涂料,固化后的涂层致密、硬度高,耐热性可达800℃。

(2)无机高温防护涂料

随着工业技术水平的不断提高,社会对金属材料的使用性能要求越来越高。如在火箭、导弹、航天飞机、原子能设备、喷气飞机、兵器工业等领域使用的金属材料,均要求使用耐高温、轻质、无污染、满足特殊用途的材料进行保护。由于上述领域的特殊性,通常是在800℃以上温度及强腐蚀介质条件下使用[2],普通的有机耐高温材料难以满足要求。而无机涂层在高温下可发生陶瓷化(玻璃化)转变,耐高温防腐蚀性能优异,近年来无机高温防护涂料得到了迅速发展,这对高温涂层的研究提出了更高的要求。其研究的方向主要包括:根据不同高温基体材料的要求,改善和提高涂层与基体之间的结合力,提高涂层在高温下的抗氧化性;利用新型材料的特殊性能,研制具有特殊功效的耐高温涂层。

(A)硅酸乙酯类

硅酸乙酯类涂料是无机耐热涂料中发展最为迅速、产量最大的品种之一,具有可常温固化、干燥迅速、施工方便、毒性小等特点。以正硅酸乙

176

酯水解液作为主要原料的涂料具有耐高温、防腐性能优异、硬度高、附着力好、不粘等优点,在耐高温以及透明、高硬度耐磨涂料等领域得到了广泛的应用,并形成了不粘锅涂料、无机富锌涂料、耐火涂料、高硬度电泳涂料等产品。在配方中添加耐高温颜填料和玻璃料,可以生产耐 200 ~ 600℃甚至更高温度的涂料,其中以耐 400℃高温的富锌底漆产量最大。据研究,该涂料对钢铁的阴极保护能力大大优于环氧富锌底漆,可广泛用于重防腐和耐高温涂料的配套底漆。

尽管硅酸乙酯高温防护涂料具有以上诸多优点,但也存在着无机涂料的通病,如涂膜脆、易龟裂,与金属基体的附着力较差等,而且在贮存过程中容易胶凝,限制了涂料的应用。导致上述缺点的原因是正硅酸乙酯在水解过程中形成的纳米 $SiO_2 \cdot nH_2O$ 溶胶粒子具有较高的表面能,属于热力学不稳定体系,因此易发生团聚,导致涂料胶凝。基于 $SiO_2 \cdot nH_2O_2$ 溶胶粒子表面含有大量活性硅羟基(Si—OH),易与有机树脂或单体发生水解缩合反应的特点,选择具有特殊官能团的有机硅单体对 SiO_2 表面进行化学改性,可提高水解液的贮存稳定性,改善涂层的柔韧性和耐热性。改性途径包括:通过在硅酸乙酯水解物中加入 10% ~ 30% 的醇溶性聚乙烯缩丁醛或乙基纤维素,显著提高涂料的成膜性和柔韧性;用硅酸乙酯水解物与多元酸进行酯交换生成聚醚硅酸酯,显著提高涂膜对底材的附着力;以硅酸乙酯水解物和烷氧基硅单体等共水解缩合,提高涂膜柔韧性和保持较高的耐热性;以醇溶性酚醛树脂进行改性,可用于耐高温、耐烧蚀涂料。

(B)硅酸盐类

硅酸盐类耐高温涂料是指以水溶性硅酸盐为基料的耐热涂料,也被称为水玻璃耐热涂料,是以硅酸钾和硅酸钠为基料的一类涂料。硅酸盐溶液中的晶核群随着水分的挥发,逐渐长大,最终形成网状结构,因此具有良好的成膜性和热稳定性。硅酸盐涂料不仅耐高温优异,还具有防紫外线、耐碱抗酸、不燃、不起泡、不剥落、自洁等优良性能,是一种生态环保型耐高温材料,可广泛应用于耐高温防护涂料领域。国内已有耐 $200 \sim 700℃$ 的涂料品种,也有耐 $1000℃$ 高温涂料的报道。美、英、俄等国家在硅酸盐材料领域的研究较为深入,已先后开发出了耐温在 $1500℃$ 以上的涂料品种。尽管硅酸盐涂料具有很好的耐高温性,但柔韧性、附着力、耐水性不是很好,并且需要 $150℃$ 以上烘烤才能完全固化,限制了应用范围。随着研究的深入,目前提高涂料综合性能的途径包括:在体系中引入粉末有机硅树脂、聚酯树脂及氟硅化合物、缩合磷酸盐固化剂等综合技术,大幅提高水性硅酸盐耐高温涂料的综合性能;引入耐热性优异的稀土化合物,与硅酸盐生成复杂络合物,进一步提高涂料的耐高温性能;通过在水性硅酸盐溶液中引入硅溶胶,提高基料的模数,提高 $SiO_2 \cdot nH_2O$ 的缩合度,改善涂料的耐水性和耐热性。

（C）硅溶胶类

硅溶胶类耐高温涂料是指以胶体 $SiO_2 \cdot nH_2O$ 的水分散液为成膜物质,混以特种颜填料及功能助剂分散而成的一种无机功能涂料,其成膜物质硅溶胶是一种粒径为 $1 \sim 100nm$ 的多聚硅酸的高度分散物。在成膜时,随着水分的蒸发,硅酸聚合体进一步缩合成—Si—O—Si—链的无机涂层,具有优异的干燥性、耐水性和耐介质性。在硅溶胶中加入硅酸盐、玻璃料、陶瓷等功能填料,可得到耐 $200 \sim 800℃$ 甚至 $1000℃$ 的耐高温涂层。如西安经建开发的耐 $300 \sim 400℃$ 白色硅溶胶耐高温涂料,常州涂料院开发的耐 $800 \sim 1000℃$ 水性标号漆,涂层均具有良好的耐介质和高温不黄变等性能。这类产品的发展方向是在保持和提高涂料耐高温性的同时,提高涂层的成膜性、附着力等性能。例如,加入硅烷类偶联剂提高涂层的附着力;加入聚合物乳液提高成膜性;加入 Al_2O_3 溶胶提高涂层的耐高温性和附着力;加入酚醛树脂、空心陶瓷等材料制备耐高温、隔热抗烧蚀涂层等。由于硅溶胶涂料施工时底材无须特殊处理就能获得很好的附着力,因此符合低能耗、高效的发展趋势。

(D)磷酸盐类

磷酸盐类涂料涂覆于金属表面时,会产生物理和化学变化,并与金属表面原子相互扩散形成过渡层,使得磷酸盐涂层具有很好的附着力。其涂层固化收缩率小、硬度高,且耐水、耐磨等性能优异,可长期承受800℃以上高温及苛刻的腐蚀环境,它在火箭、导弹、航天飞机、原子能设备、喷气飞机、兵器工业等领域的金属高温腐蚀保护上显示出特有的优势。如B. Formanek 等[3]研究出由黏结剂、陶瓷骨料及金属颗粒组成的耐高温涂层。这种带状结构的多组分复合涂层采用磷酸铝作为黏结剂,经高温处理可起到密封作用,涂层具有良好的耐腐蚀性、耐磨性及抗热冲击性,能在1900℃以上的高温环境使用。我国已研制出的磷酸盐无机铝涂料,其基料为磷酸铝镁溶液,同时加入了反应性颜料。尽管磷酸盐涂料有上述诸多优点,但也存在一些缺点,如涂料的固化温度高(实际干燥温度 > 550℃),使用受限;酸性强,尽管用铬酸盐作为缓蚀剂来延缓涂料对金属的腐蚀,但仍难以满足环境保护的要求。为了拓宽涂料的使用范围,同时满足环保的要求,其改性途径包括:采用浓缩磷酸来提高树脂聚合度,改善磷酸盐涂层的整体性能;用无铬缓蚀剂,有效缓解磷酸盐基料对金属材质的侵蚀;以900℃高温处理过的 CuO 作为固化剂,降低涂料的固化温度,提高涂层的黏接强度;添加多种无机功能颜填料,平衡涂层的应力,提高涂层的韧性和强度,改善涂层的抗热震性能;加入金属粉末,提高涂层与基材的热匹配性,以满足涂料宽温度范围使用时的耐高温及防腐性能要求;应用无铬系缓蚀技术,解决涂料的污染问题,提升产品品质,拓宽应用范围[2]。

（E）陶瓷类

陶瓷类涂料是以纳米无机化合物为主要成分,以水为分散介质,涂装后经低温加热固化,形成以 Si—Al 键为主的致密网状结构,这种分子结构与搪瓷结构相似。根据原料来源的不同,陶瓷涂料可以分为以下两类:①无机纳米耐高温陶瓷涂料:采用纳米级硅、铝氧化物或氮化物,以及颜填料、钛酸钾晶须、甲基三甲氧基硅烷等材料制备而成,得到的涂层致密、硬度高,耐燃、耐高温性能优异,在高温下不易分解产生有害物质,可广泛应用于各种领域;②无机－有机纳米杂化复合耐高温陶瓷涂料:以有机物为基体树脂,添加无机化合物,高温环境下成膜物自行由有机成膜物转变成为无机成膜物,从而实现了在极广的温度范围内对基体的保护。陶瓷涂料的原料蕴藏丰富,便于开采,生产工艺也比较简易,能耗相对较低,有望在许多应用领域逐渐取代有机涂料,并发挥重要的作用。

（F）地聚物类

地聚物类无机涂料是以一种高性能凝胶材料地质聚合物(也称矿物聚合材料)为成膜物的新型无机耐高温涂料。其主要成分为硅铝酸盐,根据制备工艺、原材料的不同,其结构也有所差异。地质聚合物的基体相为非晶质至半晶质,是由铝氧四面体和硅氧四面体自由分布组成的三维网状凝胶体,碱金属离子自由分布于网络结构的空隙之中来平衡电价,其最终产物的结构为铝硅酸盐的三维网络结构,具有高强度、耐高温、耐化学腐蚀和耐久性的特点。地聚物无机涂料的原料广泛、成本低廉、制备工艺简单,生产过程中不释放任何有毒气体,不会对环境造成任何污染,不仅可以作为建筑涂料起到装饰、保护、保温隔热的作用,也可作为耐高温防腐蚀涂料广泛应用于钢铁表面的防护,因而具有非常广阔的应用前景。有关地聚物基无机涂料的研究及应用,国外已有少量报道,但国内外对其应用研究相对较少,至今还没有相关产业化的报道。无机涂料的功能化发展是时代潮流,制备多功能、高性能、绿色环保的无机涂料是涂料未来发展的必然方向之一[3]。

高温防护涂料主要研发热点是高耐温、低能耗、低污染和高效多功能。为此,应深化耐高温聚合物、聚合物复合材料以及聚合物纳米复合材料的基础与应用研究,达到提高涂料的高温防护性能以及各种理化性能的目的;加大有机耐高温涂料水性化、光固化以及室温固化新技术、新工艺的开发力度;针对高温基材的要求,改善涂层与基体间的结合力,提高涂层的抗热氧化性;加大无机耐高温涂料的施工与固化工艺的研究,以达到降低能耗的目的。随着现代高科技的进步,对高温防护涂料的性能要求和需求量都将进一步提高,新型高温防护涂料和环境友好型高温防护涂料将迎来极为广阔的市场空间。

5.1.2 隔热保温涂料

隔热保温涂料是指能有效地阻止热传导,降低涂层表面和内部环境温度的一类涂料,分为阻隔型隔热涂料、反射型隔热涂料、辐射型隔热涂料、真空绝热保温涂料和纳米孔超级绝热保温涂料5类。这类涂料广泛应用于建筑外墙、船舶甲板、汽车外壳和军事航天领域[1]。

仿石漆综合性能优异、不仅具有超强的仿古效果,而且具有丰富多彩的质感,因此,它越来越受到装饰设计师、普通业主的喜爱[4-6]。仿石漆的喷涂体现了庄重典雅的效果,它能充分展现天然石料的丰富质感。仿石漆具有极强的附着力、质感丰富、硬度高、造价经济及良好的耐候性[7,8]。陈忠平[9]研制了轻质仿石材料及制作方法,由水泥、细砂、粉煤灰、水泥添加剂、颜料等组成,在常温下将各成分混合,加入适量水进行搅拌,加入预先发泡的气泡,气泡占成品体积的3%~35%,气泡的孔径人

小在 $30 \sim 300 \mu m$,气泡的容重在 $0.2 \sim 0.8 kN/m^2$,加入的气泡在混料中均匀分布。谭大江等[10]发明了一种仿石材的喷涂涂料,由基料、辅助材料、黏接剂、表面漆料组成,硬度与大理石、花岗石相当,并有一定的韧性,用于外墙有装饰美感。刘一军等[11]研制了一种仿砂岩陶瓷砖的生产方法,产品具有轻质、隔热保温、吸音、防水、防渗透等特点,是一种非常好的墙面装饰材料。王彩华等[12]利用天然石粉包裹新型无机轻质表面绝热材料玻化微珠制得的包覆型轻质仿石骨料,在一定的生产工艺条件下生产制备出新型仿石漆。崔玉民等[13]报道了轻质隔热吸音仿石漆研制、性能及施工。轻质隔热吸音仿石漆是传统仿石漆的升级产品,其具有质轻、隔热、吸音、环保等特点,是一款集节能、降噪、装饰等多功能于一体的新产品,特别适合保温墙面、旧墙面等装饰装修工程。主要讨论了仿石骨料颗粒级配、乳液、增稠剂、成膜助剂、消泡剂等对轻质隔热吸音仿石漆质量的影响,测试了轻质隔热吸音仿石漆的主要性能,介绍了轻质隔热吸音仿石漆施工工艺要点。

(1)轻质隔热吸音仿石涂料的制备

精制天然石粉中加入水、乳液、助剂,进行搅拌分散,得石粉悬浊液A。在搅拌下,将精制玻化微珠 B 加入 A 中,搅拌混合均匀,筛分,得包覆型轻质仿石骨料。将防霉剂、分散剂、成膜助剂、消泡剂等助剂混合后,在搅拌条件下加入软化水,充分搅拌进行分散。加入硅丙乳液,搅拌混合均匀。加入仿石骨料,充分搅拌,得成品轻质隔热吸音仿石漆。

(2)仿石骨料颗粒级配对轻质隔热吸音仿石漆的影响

骨料颗粒级配对仿石漆的施工性能和涂层的表观状态影响很大,若骨料颗粒较粗,在喷涂过程中飞溅量增多,使得涂料用量增大,并且造成涂层遮盖力逐渐下降,涂层外观显得粗糙,这样其容易沉积灰尘而被污染;若骨料颗粒较细,而装饰效果不佳。因此,采用粗细颗粒搭配均匀混合使用,既不容易影响涂层装饰效果,又能使得涂层致密。表5-1是仿石骨料颗粒级配对一种产品性能的影响。可以根据不同产品,仿石骨料的颗粒粒径级配要做适当调整。

表5-1 仿石骨料颗粒级配对产品性能的影响

实验号	仿石骨料/%				飞测量	外观	密实度
	10~20目	20~40目	40~80目	80~120目			
1	30	50	20	0	多	粗糙	不好
2	10	20	60	10	较少	立体感强	较好
3	0	10	80	10	少	立体感差,有层次感	好
4	0	0	80	20	少	表面平滑,无层次感	好

(3)乳液对轻质隔热吸音仿石漆的影响

用于轻质隔热吸音仿石漆的乳液稳定性必须好,这样所形成的漆膜呈无色、透明,在紫外线照射下不易发黄和粉化;所形成膜的硬度要高,以便提高涂层耐污染性;漆膜的吸水膨胀率必须小,才能具有抗吸水泛白能力。我们选用国产某苯丙乳液(1#)、国产某纯丙乳液(2#)和国产某厚质涂料专用硅丙乳液(3#)分别制成仿石漆,结果见表5-2,通过实验选定厚质涂料专用型硅丙乳液。

表5-2 不同乳液对产品性能的影响

实验号	耐人工老化性600h	黏结强度/MPa	浸水48h	室温干燥7d
1	轻微发黄	0.70	严重泛白	软
2	无变化	0.73	稍白	稍硬
3	无变化	0.86	未见泛白	硬

(4)增稠剂对轻质隔热吸音仿石漆的影响

仿石骨料相对较轻,轻质隔热吸音仿石漆比重较小,不易沉淀,贮存稳定性相对较好,加入增稠剂调整其黏度,主要是为了满足施工时喷射所需的黏度,同时也可协同辅助提高贮存稳定性。设计的配方中将后两种增稠剂按一定比例搭配使用,纤维素类增稠剂尽可能不用。这样,既可以改善轻质隔热吸音仿石漆的防流挂作用和流平性能,又有效改善了其耐水性能。

(5)成膜助剂对轻质隔热吸音仿石漆的影响

成膜助剂主要有醇酯、丙二醇、丙二醇丁醚等。成膜助剂的作用是使乳液胶粒溶胀后形成一个连续的耐水薄膜,同时可以降低乳液的最低成膜温度,如选择不当,会影响涂层的成膜性和耐水性。轻质隔热吸音仿石漆生产中适宜选择醇酯类成膜助剂。

(6)消泡剂对轻质隔热吸音仿石漆的影响

轻质隔热吸音仿石漆生产中产生的泡沫能较长时间存在其中,影响其性能,使黏度下降,回弹量增大,表面粗糙。加入消泡剂后,能明显改善产品的致密性和装饰效果。

另外,轻质隔热吸音仿石漆所用水和乳胶漆用水相同,应采用软化水。综合考虑各种原料的性能和一些试验探索,确定轻质隔热吸音仿石漆的基础配方,见表5-3。

表5-3　轻质隔热吸音仿石漆基础配方

序号	原材料	质量分数	序号	原材料	规格	质量分数
1	硅丙乳液	100	8	聚氨酯缔合型增稠剂		3
2	中和剂	1	9	消泡剂		1
3	防霉剂	1	10	成膜助剂		4
4	杀菌剂	0.5	11	轻质仿石骨料	10~20目	100
5	软化水	200	12	轻质仿石骨料	20~40目	100
6	分散剂	1	13	轻质仿石骨料	40~80目	500
7	碱膨类增稠剂	2	14	轻质仿石骨料	80~120目	50

（7）产品的性能测试

轻质隔热吸音仿石漆是普通仿石漆的升级产品，目前还没有国家标准，只能按 JG/T 24—2000 合成树脂乳液砂壁状建筑涂料来做常规检测，同时根据文献和其他相关产品测试方法来测试干比重、湿比重、导热系数和吸音系数等。产品性能指标和测试结果见表 5-4。

表 5-4　产品性能指标和测试结果

序号	检测项目	技术指标	检测结果	单项结论
1	容器中状态	轻搅拌后呈均匀状态，无结块	符合要求	合格
2	施工性	喷涂无困难	符合要求	合格
3	涂料低温贮存稳定性	3 次试验后，无硬块、凝聚及组成物的变化	符合要求	合格
4	涂料热贮存稳定性	1 个月试验后，无硬块、发霉、凝聚及组成物的变化	符合要求	合格
5	干燥时间（表干）/h	≤4	3.9	合格
6	耐水性	96h 涂层无起鼓、开裂、剥落，与未浸泡部分相比，允许颜色有轻微变化	符合要求	合格
7	耐碱性	96h 涂层无起鼓、开裂、剥落，与未浸泡部分相比，允许颜色有轻微变化	符合要求	合格
8	耐冲击性	涂层无裂纹、剥落及明显变化	符合要求	合格
9	耐冻融循环性（耐温变）	10 次涂层无粉化、开裂、剥落、起鼓，与标准板相比，允许颜色有轻微变化	符合要求	合格
10	耐沾污性	5 次循环试验后，≤2 级	1	合格
11	黏结强度/MPa	标准状态≥0.70	0.79	合格
		浸水后≥0.50	0.60	合格

序号	检测项目	技术指标	检测结果	单项结论
12	耐人工老化性	500h 涂层无裂纹、起鼓、剥落、粉化 0 级,变色≤1 级	符合要求	合格
13	湿比重	企业内部规定	符合要求	合格
14	干比重	企业内部规定	符合要求	合格
15	导热系数	企业内部规定	符合要求	合格
16	吸声系数(降噪系数)	企业内部规定	符合要求	合格

(8)轻质隔热吸音仿石漆施工工艺

轻质隔热吸音仿石漆施工相对比较繁杂,品种不同,略有差异,大致包括以下几个步骤:①基层处理,除去基层上的油污、浮灰及疏松物,用外墙耐水腻子补平基层表面。②喷刷封闭底漆 1～2 遍。③将混合均匀的中间漆装入喷枪内施工;特殊花色应使用双咀喷枪喷涂,空气压力 0.4～0.8MPa,喷枪口径 6～9mm,凹凸性较强,点大,用量 2.5kg/m²。喷枪口径 3～5mm,平面平坦,点小,用量为 2kg/m²。④中间漆干燥后,喷刷罩光清漆 1～2 遍。

轻质隔热吸音仿石漆是传统仿石漆的升级产品,其质轻、隔热、吸音、环保,是一款集节约、节能、降噪、装饰等多功能于一体的新产品,特别适合保温墙面、旧墙面等装饰装修工程。因为产品的人性化设计,预计其销售市场乐观,设备投资小,生产安全可靠,利用率高,适合当前高品质生活的需求,具有良好的社会和经济效益。

崔玉民等[14]研究介绍了轻质隔热吸音仿石漆的研制过程,讨论了配方设计过程中原材料的选择要点,通过正交实验确定包覆型轻质仿石骨料制备的最佳工艺条件为:石粉质量分数为 20%,液固比为 10:1(体积比),包覆次数为 2 次,搅拌速度为 500r/min,搅拌时间为 60min。实验研究还表明,影响涂料体系密度的最大因素是石粉浓度,最小因素是液固比;影响吸水率的最大因素是搅拌时间,最小因素是石粉浓度。所制备的轻质隔热吸音仿石漆从本质上讲是一种真石漆,但又具备了一些新的功能。包覆既可以让骨料具备天然彩石的颜色,又让玻化微珠的强度有所提高,包覆之后的骨料可以当作天然彩石应用。按本研究工艺包覆之后的骨料所制备的产品符合外墙涂料标准,并且其密度较小,能吸音降噪。轻质隔热吸音仿石漆是传统仿石漆的升级产品,是一款集节能、降噪、装饰等功能于一体的新产品,特别适合保温墙面、旧墙面等装饰装修工程。

近些年由于全球变暖等原因,人们总是希望居住的房子可以冬暖夏凉,建筑物及相关设备可以保温,同时降低能耗,减少 CO_2 排放量,这就为隔热保温涂料的发展提供了市场。建筑物保温层主要是为了减少户内外热量的传递,冬季注重保温性能,传热方式主要为热对流和热传递,需开发使用保温涂料;夏季注重隔热功能,传热方式主要是辐射传热和热传导,需使用隔热涂料[15]。

隔热涂料包括阻隔型、反射型和辐射型。红外反射隔热涂料以合成树脂乳液为基料,并加入颜料(主要是红外反射颜料)制成,可用水分散,经合适的涂装工艺达到隔热功效,其反射太阳能使建筑物隔热,一般颜料和基料的折射系数的差值越大,涂层对太阳光的反射就越强。一些测试表明,反射隔热涂料夏天能有效降低外墙温度[16,17]。Zhao 等[18]制备了一种深色的反射保温外墙涂料,发现涂料中含金红石型 TiO_2 时反射性能较好,当涂料中含红色氧化铁 3.27% ,黑色氧化铁 0.036% ,铬黄 0.24% 时,涂层呈棕色,反射率达 80.22% ,涂料性能稳定,反射隔热效果好。

目前国内生产和使用最广泛的是阻隔型隔热涂料,其绝热机理是阻止热传导,制备这种涂料的关键是选择导热系数低的隔热材料。殷武等[19]选用合适的中空玻璃微珠、纳米浆料,以氟硅改性的丙烯酸乳液为基料,制备出耐久性好、热反射率高、导热系数低的新型保温隔热涂料,用于外墙可提高保温体系寿命,增强节能效果。反射型和阻隔型隔热涂料只能减缓而不能阻挡热量的传递,辐射型隔热涂料能以热发射的形式辐射掉吸收的热量,为涂层降温,因此辐射型隔热涂料的研制具有显著优势。在光波长 8 ~ 13.5 μm 域内,地面上的红外辐射可以直接辐射到外层空间,如果在此波段涂料的发射率尽可能高,热量可高效发射到大气外层,达到隔热目的。研究这类涂料的关键是制备具有高发射率的涂料组分,李建涛等[20]制备了发射率高的红外辐射粉末,并以其为功能填料,以氟碳乳液为基料,添加其他辅助材料,制备出表面性能优异、红外发射效率高的功能性外墙涂料。隔热效果良好的涂料通常需要将两种或两种以上隔热机理用于同一配方中,各种隔热涂料都有各自的优点,可将其复配以达到优势互补,得到隔热效果更好的隔热保温涂料。陈中华等[21]以水性硅丙树脂为成膜物,加入导热系数低、红外光反射能力强的空心玻璃微珠和价廉、红外反射性能良好的绢云母,研制出一种新型复合型建筑隔热涂料,其隔热性、耐候性、耐刷洗性、耐水耐碱性等与普通国产市售隔热涂料相比均有较大提高。

发展节能建筑涂料符合我国可持续发展的主题。在研制节能保温涂料时,既要考虑保温系统的保温效果,也要考虑保温系统外表面的隔热需要。外墙涂膜的保温性由涂膜导热系数和原材料导热系数决定,导热系数越低,产品的隔热保温性能越好。Wang 等[22]以水为分散剂,丙烯酸乳液为黏结剂,以海泡石和空心玻璃微珠为主要功能填料制得一种隔热保温涂料,研究发现当海泡石含量为 8%、空心玻璃微珠含量为 6% 时保温性能良好。Cao[23]以苯丙乳液、醋酸乳液为基料,辅以细胞珍珠岩、水玻璃、云母粉、聚丙烯纤维等颜填料和助剂制得一种保温涂料,该涂料保温性、耐水性、耐碱性好,且涂膜具有优异的延伸性。传统的反射涂料在反射热能的同时,涂层自身温度会发生变化,要达到隔热和保温的目的,则需要消耗掉多余的能量。目前出现了一种新概念——消热,可通过热交换涂料来实现。热交换涂料将热能转换为动能,可避免基材本身温度的变化,其主要特征是:当气温高于 25℃ 时,涂料将热能转化为动能;当气温低于 5℃ 时,涂料能升高温度,其他情况下热能不转化,温度不发生任何变化[24]。隔热保温涂料的研制开发对我国建筑涂料的发展有着重要意义,随着科技水平的迅速提升,隔热保温涂料的功能性和装饰性也会越来越完善。

5.1.3　示温涂料

示温涂料是以颜色变化来指示物体温度及温度分布的涂料。示温涂料分为可逆型、不可逆型和熔融型三类。其原理都是利用受热前后,涂料中变色颜料发生物理或化学变化而呈现不同颜色,来达到指示温度等目的。可逆示温涂料可用于高温报警、大面积表面温度测量;不可逆示温涂料可用于防伪、建筑装饰及非金属材料的温度测量。

随着现代工业和科学技术迅速发展,对测温技术提出了新的要求——简单、快速、方便、准确等。示温涂料就是一种新型的具有特殊用途的测温工具,它能有效地在温度计、热电偶不能测温的场合下使用,以颜色或外观现象变化来指示物体表面温度及温度分布。示温涂料于 20世纪 50 年代、60 年代、70 年代相继研制出单变色示温涂料及 240℃、270℃、370℃超温报警示温漆,80 年代、90 年代研制出润滑示温涂料及多变色不可逆示温漆。进入 21 世纪后,随着我国航空、航天工业的发展,发动机的研制及生产厂家在试验中大量采用示温涂料测量热端部件表面温度分布,为改进发动机性能设计提供无法用其他手段取得的测温数据,因此示温涂料的发展又迎来了一次高峰。不论是单变色不可逆示温涂料、多变色不可逆示温涂料,还是熔融型示温贴片,在原有基础上进行了改进及发展,覆盖温度范围更广,提高了示温精度,缩短了响应时间,使得我国示温涂料的整体性能达到了国外同类产品的水平。主要性能及用途如下。

(1)200℃超温报警涂料、270℃超温报警涂料、370℃超温报警涂料、420℃超温报警涂料。颜色:蓝色;变色后颜色:白色;指示误差±10℃;变色温度250℃、270℃、370℃、420℃;变色时间≤60min;变色方式:单变不可逆;变色结果:明显。色差明显,变色迅速,具有良好的耐热性,附着力好。用途:炼油化工设备外壁。

(2)60~300℃系列单变色不可逆示温涂料。颜色:原色;变色后颜色:符合色卡;指示误差±10℃;温度间隔:10℃;升温时间:3min;恒温时间:到欲测温度即变色;误差:±5℃;变色方式:单变不可逆;变色结果:明显。色差明显,变色迅速,具有良好的耐热性,附着力好。用途:发动机、仪表、飞行器外壳及内部的测温。

(3)300~900℃系列单变色不可逆示温涂料。颜色:原色;变色后颜色:符合色卡;指示误差±10℃;温度间隔:50℃;升温时间:3min;误差:±10℃;变色方式:单变不可逆;变色结果:明显。很明显,变色迅速,具有良好的耐热性,附着力好。用途:飞行器外壳及发动机外壁及控制仪表温度的测温。

(4)150~1250℃系列多变色不可逆示温涂料。外观:允许分层,可搅拌均匀,无硬性沉淀;示温范围:150~1250℃;变色误差:±(10~20)℃;恒温时间,≤5min;变色点及颜色:变色点分布间隔为不超过50℃,变化颜色显示与色卡一致。色差明显,变色迅速,具有良好的耐热性,附着力好,耐冲击性好。用途:测量发动机内部温度,飞机发动机的燃烧室、加力扩散器及叶片的温度,亦可用于电力、热反应釜过热监控、防伪、标志等民用方面。

(5)37~265℃系列熔融型示温贴片。示温片外形尺寸(Φ):3~4mm;变色温度:标称温度±3℃;应答时间:≤30s;变色误差:±(1~3)℃;变色结果:单变色不可逆;变色情况:白→黑;升温时间:≤20min;恒温时间:10~15min;剥离强度(25℃):≥2N/cm。变色灵敏,具有测温快速准确可靠、受外界因素影响较小等特点,使用简单,见效快,又不需附带其他测温仪器。用途:返回式卫星稳定裙及裙底结构内表面,飞船侧壁、大底,飞机蒙皮以及导弹飞行中外侧壁等的测温,另外可用于电力、热反应釜过热监控、防伪等民用方面。

§5.2 防污功能涂料

防污涂料也称耐沾污涂料,是不易被灰尘等污染物玷污,表面易于清洗的一类新型功能涂料。防污涂料一般由防污基料、漆基、毒剂、颜料、助剂和溶剂组成。按应用类型分类,最常见的防污涂料是建筑防污涂料和船舶防污涂料。建筑涂料的防污性能是一个很重要的指标,常用的水性建筑涂料能满足人们的一般要求,但耐沾污性能不强,使用过程中沾到涂膜上的污迹难以清除。要解决涂膜耐沾污性不良的问题,需从提高涂膜致密性和憎水性两方面入手:一是采用有机硅-丙烯酸树脂乳液或含氟树脂乳液;二是加入低表面能的材料(耐沾污剂)。硅丙乳液与醋丙、苯丙、纯丙乳液相比,其耐沾污性、耐候性更优异,是近年来发展最快的建筑外墙涂料。将纳米技术应用到低表面能涂料中也是一个较好的研究热点。陈美玲等将纳米SiO_2引入氟硅丙烯酸树脂低表面能防污涂料中,认

为纳米 SiO_2 可以在涂膜表面形成微纳米结构,类似荷叶效应,对涂膜耐沾污性能有增强作用。据报道,北京首创纳米科技有限公司利用纳米胶体材料、纳米杂化乳液以及纳米复合微观组装技术,研制成具有超疏水性的耐沾污纳米复合改性涂料,并得到了实际应用。另外来自仿生学的荷叶效应涂料也引起了一定的关注。

船舶防污涂料的作用是抑制海生物附着。目前较实用的是使用防污剂制备的基料不溶型或基料可溶型防污涂料,这要求防污剂有一个稳定有效的渗出率,在漆膜表面形成有毒溶液薄膜,从而阻止海生物的附着。新型船舶防污涂料有:①不含锡类自抛光防污涂料;②低表面能防污涂料,这类涂料的表面能在 25mN/m 时,海生物最难粘附上去;③仿生防污涂料;④生物化学防污涂料;⑤导电防污涂料;⑥以可溶性硅酸盐为防污剂的防污涂料[1]。

现今,空气中的污染物日渐增多,很多污染物易黏附在建筑物表面,另外建筑物表面被乱写乱画的现象也普遍存在,而自清洁涂料和防涂鸦耐沾污涂料可使这些现象得到有效抑制,通常,外墙注重自清洁作用,内墙注重耐沾污性,因此这类涂料也应是建筑涂料中的研究开发的重点之一。

5.2.1 自清洁[15]

自清洁涂料包括三类:疏水性自清洁涂料、亲水性自清洁涂料和光催化自清洁涂料[25]。疏水性自清洁涂料具有低表面能,有两种实现途径:一种是仿"荷叶效应",荷叶状表面有自清洁作用,即使沾上污垢,黏结力也很小,在外力下很容易清除;另一种是在涂膜表面引入低表面能组分,使污物难以黏附在涂膜表面[26]。SU[27]用微米或纳米二氧化硅包裹聚氨酯得到一种类似"荷叶效应"的涂料,其涂膜与水的接触角高达 168°,滑动角低达 0.5°,可直接用于建筑外墙,具有自清洁作用。

通过有机硅和含氟树脂对各种树脂进行改性可使其表面能降低。有机硅聚合物中 Si—O 键使分子内聚能密度低,分子间作用力小,表面能低,Artus 等[28]实现了有机硅纳米材料大规模生产,其接触角超过 150°,滑动角小于 20°,可用于织物和窗户玻璃上。C—F 键是所有化学键中键能最高的,其分子间作用力小,相应材料表面能低,使含氟聚合物具有优异的耐候性、防腐蚀性和耐沾污性。Miao 等[29]用氟异氰酸酯改性超支化聚酯 Boltorn H_2O 得到超支化氟聚酯丙烯酸酯(FH – PA),含该树脂的紫外固化涂膜疏水、疏油性好,在酸性和中性条件下疏水性尤其优异,用于建筑外墙具有很好的自清洁作用。将有机硅和有机氟结合,可以得到新型低表面能涂料,其涂膜耐沾污性优于其他低表面能涂料,如氟代聚硅氧烷、线性聚硅氧烷骨架上均带氟碳侧基,—CF_3 在涂膜中趋向表面,其既有线型聚硅氧烷的高弹性及高流动性,也具有氟碳基团的超低表面能特性。

亲水性涂料表面具有良好的润湿性,雨水在其上易铺展形成水膜,因此可轻松带走污垢。Luo 等[30]用溶胶 – 凝胶法制备了 TiO_2/SiO_2 溶胶,并制成涂料,将该涂料喷涂在加热基材上可形成涂膜。这种 TiO_2 和 SiO_2 混合物制得的涂料亲水性优于纯 TiO_2 制得的涂料,是一种改进型的自清洁涂料。光催化自清洁涂料主要靠光诱导亲水性的 TiO_2,在 TiO_2 颗粒表面产生电子和空穴,电子和空穴可与吸附在 TiO_2 粒子表面的 O_2 和 H_2O 形成具有强氧化性的·OH,··OH 可氧化大部分有机物。在雨水冲刷下,这些污染物被带走。Quagliarini 等[31,32]研究发现没有紫外线照射时,建筑物表面涂敷和未涂 TiO_2 涂层其自清洁能力没有明显改变,这说明紫外线照射对自清洁的效果很重要。

5.2.2 耐沾污性[15]

耐沾污涂料的主要作用是使附着性污染物和吸入性污染物难以沾附在被涂物表面,或使污染物易于去除,其中吸入性污染较难去除,需对涂膜配方进行各种改性。提高涂膜耐沾污性主要通过改善涂膜表面性能,如提高涂膜亲水或疏水性,可使污染物难以吸附,其原理与自清洁涂料相同。此外还可通过改变聚合物玻璃化温度和涂料的 PVC(聚氯乙烯)来改善涂膜的表面性能和致密性,以达到提高涂膜耐沾污性的目的。乳胶漆属于热塑性聚合物,其玻璃化温度对涂膜耐沾污性影响较大,一般玻璃化温度越高,涂膜表面硬度越大,耐沾污性越好。赵明敏[33]分析了导致外墙乳胶漆耐沾污性差的原因,选用 T_g 高且亲水的核壳乳液、遮盖聚合物(外壳为玻璃化温度很高的聚合物)、适合的颜填料及助剂,并确定涂料的 PVC,制得的涂层耐沾污性优异。

涂料耐沾污性主要取决于基础成膜物质的抗污能力,通过化学分子结构设计和先进的聚合技术提高成膜物的耐沾污性是现在研究耐沾污性涂料的关键。功能涂料种类繁多,以上介绍了近年来发展比较迅速的几个方面,其本身技术含量高,利润高于普通涂料,且用涂广泛,吸引了大量科研机构和企业研发应用,相信未来必会获得更好的发展。

5.2.3 石墨烯在防污涂料中的应用[34]

过去几十年,有机锡类防污涂料被大量使用,取得了很好的防污效果,但是有机锡在海水中稳定易积累,严重威胁着海洋生态安全及人类健康[35]。目前无锡低毒的自抛光防污涂料,如含铜自抛光防污涂料已替代了有机锡类防污涂料,也取得了较好的防污效果[36]。此类涂料毒性虽小,但含有重金属 Cu^+,长久以往仍会破坏海洋生态[37]。人们主要将重点放在安全无毒的仿生防污涂料、低表面能防污涂料、无毒防污剂的开发上面,取得了不少成果[38-41]。近年来,纳米技术与防污技术的结合,为环境友好型防污涂料的开发提供了一个新的方向。加入纳米粒子可以制备出具有微米–纳米阶层结构的无毒低表面能防污涂料,纳米粒子和微米级颜填料可形成一种含大量微纳米粗糙疏水结构,如纳米 SiO_2[42,43]、TiO_2[44,45]防污涂料,具有很好的防污效果。纳米粒子还可以提高涂料的抗菌性能,也有助于防污性能的提升。石墨烯作为一种二维纳米材料,加入涂料中也可能会形成类似纳米 SiO_2 的微纳米结构,从而达到较理想的防污效果。而石墨烯更大的比表面积及更好的稳定性在起到防污作用的同时还具有防腐作用,在防污涂料方面将会有更好的前景。人们对于石墨烯在防污涂料中的应用方面也做了很多的工作。

岳鑫[46]在环氧涂料中加入经偶联剂改性的纳米 ZnO、CNT 和石墨烯,发现纳米粒子的加入均提高了涂层的防腐防污性能,添加量分别为2%的 ZnO、0.1%的 CNT 和石墨烯的环氧涂料防腐防污性能最好,且涂料的抗菌性能均得到了显著提高。经偶联剂改性石墨烯比未改性石墨烯具有更好的综合性能,合适的偶联剂可以显著提高其分散性,从而影响到复合涂层的防腐防污性能。于欢[47]制备了不同石墨烯含量的石墨烯/纳米 TiO_2 复合材料,然后加入水性聚氨酯中得到了一种改性水性聚氨酯复合涂料,然后对其耐海生物附着性、抗菌性、表面性能、耐水性及力学性能进行了实验。结果表明复合涂料具有很好的防污性能,当石墨烯含量为5%时复合涂层的耐海生物附着性最好,同时具有较好的表面性能、耐水性能和力学性能。

§5.3 防水功能涂料

防水涂料是在常温下呈无固定形状的黏稠状液态材料,经涂布后,通过溶剂的挥发、水分的蒸发或反应固化后在基层表面可形成坚韧防水膜的材料总称。防水涂料属于建筑涂料的一类,具有高强度、高韧性、高密度、高弹性、高效防水性的特点,主要应用于外墙、地下建筑、厨房、卫生间、粮仓等多水潮湿场所,起到防雨、防水和防潮的作用。

根据防水原理,防水涂料可分为两大类:①防水材料渗入混凝土,堵塞毛细孔或形成憎水层,阻碍水的侵入而起到防水作用;②高分子物质在基材表面形成一层整体有弹性的防水膜,能适应基层变化,保持涂膜完整,将水与基材隔离,达到防水目的。按成膜物质分类,防水涂料一般可分为改性沥青类、乙酸乙烯类、丙烯酸酯类、聚氨酯类、有机硅类、有机氟类和无机(有机、无机复合)类。

目前,市场上的防水涂料有两大类:一类是聚氨酯类防水涂料,另一类是聚合物水泥基防水涂料。由于聚氨酯、固化剂、填料的不同而形成不同品种的聚氨酯防水涂料,故聚氨酯防水涂料又可分为单组分聚氨酯防水涂料、双组分聚醚型聚氨酯防水涂料、沥青聚氨酯防水涂料、彩色聚氨酯防水涂料四类。随着环保要求的提高,环保型单组分聚氨酯防水涂料、水固化型聚氨酯防水涂料、水性聚氨酯防水涂料,有机硅、丙烯酸、环氧等改性聚氨酯防水涂料日益引起人们的重视。M. M. Al – Zahrani 等比较了一种聚氨酯基防水涂料、高黏度环氧基防水涂料、两种水泥基防水涂料的防水性能,发现聚氨酯基防水涂料显示出最佳的防水性能。聚合物水泥基防水涂料是一种由液料(聚合物乳液和添加剂)和粉料(水泥、无机填料以及助剂)组成的双组分水性防水涂料,也是国家大力提倡的环保型产品。

§5.4 防火功能涂料

防火涂料或阻燃涂料是指涂覆于可燃性基材表面,能够改变材料表面燃烧特性,阻滞火灾迅速蔓延,或在火灾时能形成隔热层使底材与热源隔离,或提高结构的耐火极限的一类功能涂料。随着建筑物高层化、集群化和可燃有机合成材料的广泛应用,火灾的隐患变得突出,防火涂料作为防火的有效措施之一,得到广泛应用。防火涂料的阻燃机理为:①涂料本身不易燃,使被保护的基材不直接与空气接触而延迟基材着火;②防火涂料受热分解出不燃性气体(这种分解反应如是吸热反应还会降低体系温度),冲淡被保护基材受热分解出的易燃气体和空气中的氧气,抑制燃烧;③防火涂料预热能生成减缓及终止燃烧连锁反应的自由基;④防火涂料遇热膨胀,形成隔热隔氧的膨胀炭层,阻止燃烧的进行。涂料用聚合物基料多为易燃物,将 P、Si、B 或 N 等元素改性到碳链聚合物材料中,可以得到具有较好阻燃性能的材料,而用阻燃剂经过一定的工艺来改善聚合物的燃烧性是一种低成本且有效的方法,得到了广泛应用。Serge Bour-bigot 和 Sophie Duquesne 对阻燃聚合物,特别是阻燃剂、纳米填料和表面处理改善聚合物的燃烧性做了详细总结。按照组成和防火原理,防火涂料可分为非膨胀型防火涂料和膨胀型防火涂料两大类。膨胀型防火涂料是国内外应用最广的一类防火涂料;非膨胀型防火涂料用的防火助剂是一种组合体系,包括成炭剂、成炭催化剂、发泡剂三部分。传统的多聚磷酸铵/季戊四醇/三聚氰胺阻燃剂体系,在火灾时形成疏松的阻隔层,易被火渗透。关于新型阻燃剂体系的研究很多,如用低成本的碳酸钙、云母,将纳米材料,如碳纳米管、纳米二氧化硅引入防火涂料中,发生火灾时形成一层致密的阻隔层,达到更好的防火效果。非膨胀型防火涂料受热时涂层体积基本不变,一般认为这种防火涂料的阻燃效果有限,主要用于木制品、塑料等表面防止小火引燃和火势蔓延[1]。

近年来,城市人口迅速增加,建筑物趋于高层化,地下工程、写字楼等越来越多,其内部装饰豪华,采用的装饰材料火灾隐患不断增多。为防止火灾发生、减少火灾造成的损失,防火涂料、阻燃材料的应用显得越来越重要。防火涂料包括非膨胀型防火涂料和膨胀型防火涂料,非膨胀型防火涂料绝热时可形成一层隔绝氧气的釉状保护层,但隔热性能差;膨胀型防火涂料以高分子化合物为基料,加入其他助剂,遇火可形成有效的保护基体,其防火性能和理化性能均优于非膨胀型防火涂料,在实际生活中得到广泛应用。Wang 等[48]用玻璃鳞片改性防火涂料,改性后该涂料抗氧化能力和泡沫结构得到增强,且仍能保持出色的膨胀度,防火和防水性能提高[15]。

近年来开发出了许多复合型防火涂料,使防火涂料兼具其他功能。刘成楼[49]以改性高氯化聚乙烯、丙烯酸树脂、有机硅树脂为防火防腐涂料的基料,由聚磷酸铵、三聚氰胺、季戊四醇、氯化石蜡、可膨胀石墨组成膨胀发泡阻燃体系,以三氧化二锑、空心玻璃微珠等为颜填料,制得一种室内外兼用的新型超薄型钢结构防火防腐涂料,耐火极限达 2.1h,且耐酸、耐碱及耐盐雾性好。目前,防火涂料品种还不完善,许多科研项目还未投入生产,一些问题还没得到解决或解决得还不是很好,比如耐水性欠佳、阻燃时间短、机械性能一般等,因此还需要继续改进和提高,不断拓展产品品种和应用范围。

§5.5 防腐功能涂料

防腐涂料是一种能够避免酸、碱及各种物质对材料腐蚀的涂料,是涂料中的一个重要品种。防腐涂料是保护材料最有效、最经济、应用最普遍的方法。重防腐涂料是指相对常规防腐涂料而言的,能在相对苛刻腐蚀环境中应用,并能达到比常规防腐涂料更长保护期限的一类防腐涂料。防腐涂料由基料、颜填料、溶剂和助剂组成,其防腐性和耐久性与基料种类、基材的预处理、固化、涂层厚度、涂层和基材间的黏结力,以及一些外部环境因素相关。理解涂层体系中各组分的相互作用,导致防腐涂料腐蚀失效的物理、化学原因,是研发新的防腐涂料的基础。防腐涂层通常由多涂层体系组成,根据体系的需要,每一涂层可以是金属基的、有机的或无机的组分组成,比如典型的海洋防腐涂层由底漆、一道或多道中间漆以及面漆组成。底漆起到保护基材不被腐蚀和提供良好的基材附着力的作用;中间漆提供一定的涂层厚度,并保护基材不被一些外部破坏性物质破坏;面漆则既要满足颜色、光泽要求,又要能抵抗紫外线辐射。防腐涂料一般分为聚氨酯防腐涂料、环氧防腐涂料、富锌防腐涂料、鳞片防腐涂料、高固体分防腐涂料、水性防腐涂料、聚苯胺防腐涂料七类。最常用的防腐涂料是环氧类防腐涂料和聚氨酯类防腐涂料。环氧树脂类涂料的耐候性不好,常作为底漆或中间涂层;面漆则用聚氨酯类涂料,以保持良好的光泽和耐候性。与环氧树脂类涂料相比,聚氨酯类防腐涂料具有优异的耐候性,涂膜保光性好,另外,聚氨酯分子间有氢键作用,使得聚氨酯涂层具有一定的自修复性。聚氨酯涂料的缺点是机械性能差,易变性,且不耐高温。防腐涂料主要应用于金属防腐、工业和民用建筑构件防腐以及船舶防腐等领域[1]。

石墨烯在防腐涂料中的应用[34]。涂料的防腐机理一般包括三种：一是物理屏蔽，涂层将金属基体与腐蚀介质隔开，避免与金属直接接触而腐蚀；二是缓蚀，涂料中防锈颜料与金属反应，使金属表面产生钝化生成一层保护膜，从而起到缓蚀作用而对金属进行保护；三是阴极保护，在介质逐步扩散而渗入金属基体时，利用电化学原理，保护金属基体。石墨烯含有一种特殊的片层结构，可以像鳞片状云母粉、铝粉、玻璃薄片等作为填料应用于防腐涂料中，形成紧密的网络，凭借其零渗透率和极佳的稳定性起到物理屏障作用，阻碍氧气和腐蚀介质的渗透，使防腐涂层的渗透性能降低，提高涂层的耐腐蚀性能。

Chen[50]等通过化学气相沉积在 Cu 和 Cu/Ni 合金表面制备了一层石墨烯涂层，并探究了其抗氧化性能。结果发现，使用 CVD（化学气相沉积）法在金属表面沉积薄薄的石墨烯涂层，可以有效地阻止金属在溶液和空气中的氧化，但是在石墨烯晶粒边缘发现有局部氧化现象，因此得到完整而又高质量的石墨烯涂层是获得良好抗氧化性的关键[51,52]。Chang[53]等使用多聚磷酸/五氧化二磷介质制备了一种聚苯胺/石墨烯复合涂料，并考察了其防腐蚀性能。结果表明，添加复合材料后涂层的抗氧化性能得到提高，单纯的聚苯胺涂层的自腐蚀电位为 −647mV，当添加 0.5% 聚苯胺/石墨烯复合材料后，涂层的自腐蚀电位明显正移，升高到 −537mV。石墨烯具有良好的导电性和屏蔽作用，在与聚苯胺复合后，二者相互协同，从而提高了涂层的耐腐蚀性能。Chang[54]等制备了一种室温固化超疏水石墨烯/环氧涂料，将石墨烯加入环氧涂料后涂覆在钢表面，再将疏水模板压覆在涂料表面，室温固化后去除模板，得到超疏水石墨烯/环氧涂料。结果表明，石墨烯在涂料中分散性很好，没有团聚，说明了经过热还原的石墨烯上少量含氧基团能有效地提高其在涂料中的分散性。加入石墨烯后环氧涂层的表面能降低。添加1%（质量分数,后同）石墨烯后涂层 O_2 透过率降低了60%,说明石墨烯增加了分子扩散路径曲折度,起到了物理阻隔作用。相比纯环氧涂料,添加石墨烯的涂料保护能力显著增强,腐蚀电流密度降低了约10倍。

Chang[55]等还制备了一种超疏水石墨烯/聚甲基丙烯酸甲酯涂料。结果同样表明,添加了石墨烯的涂料具有隔离氧气的作用,自腐蚀电位明显正移,涂料的防腐能力得到明显改善。王耀文[56]通过还原氧化石墨烯方法制备了石墨烯,利用超声分散将其加入环氧树脂中,然后用极化曲线法探讨了石墨烯/环氧涂料的防腐性能。结果表明,与纯环氧树脂相比,石墨烯的加入降低了环氧涂层的自腐蚀电流,防腐效果明显提升。当石墨烯含量为1%时,石墨烯/环氧涂料的防腐性能达到最佳。Li[57]等用钛酸酯偶联剂对石墨烯进行改性,使其均匀分散在水性聚氨酯涂层中。结果表明,当石墨烯含量为0.4%时,石墨烯以层状结构均匀分布于金属基材表面,阻止腐蚀介质的渗入,从而明显地提高了水性聚氨酯涂层的防腐性能。环氧富锌涂料是一种优异的重防腐涂料,在海洋重防腐领域具有广泛的应用,但是涂料中锌粉含量较大,涂料密度大,易沉降,加大了施工难度,并且在施工过程中氧化锌雾气易对环境和施工人员健康产生危害。目前有研究表明[58,59],加入改性石墨烯制成的锌烯重防腐涂料具有优异的防腐性能,且极少量石墨烯的加入即可大大降低锌粉的用量,减小施工时的粉尘污染,降低涂料密度,满足涂装材料轻量化的发展需求。

§5.6 耐磨功能涂料

耐磨涂料作为一种功能涂料,涂覆于基材表面后,使材料在摩擦运动的工况下和应力应变的服役环境中,减少摩擦磨损、降低能耗。广义上说,由热喷涂、气相沉积、化学镀、电镀和化学黏结法制备的具有耐磨性能的材料均属于耐磨涂料。下面所说到的耐磨涂料是指用化学黏结法制备的耐磨涂料,具有工艺简单的特点。耐磨涂料主要由基料、润滑剂、增强剂三部分组成。基料是耐磨涂料的重要组成部分,其作用是将涂料中的各种组分牢固地黏结在一起,并与基体产生良好的黏结力,使之在基体表面形成牢固的涂层。耐磨涂料一般采用环氧树脂、酚醛树脂、聚氨酯等作为基料;润滑剂是提高耐磨涂料润滑减磨性能的主要组分,使涂料具有较小的摩擦系数和自润滑性。常用的耐磨涂料的固体润滑材料有 MoS_2、石墨、PTFE(聚四氟乙烯);增强剂一般采用氧化铜粉、石英粉、陶瓷粉等,可在一定程度上提高涂料的机械强度和表面硬度,改善涂料的耐磨性能。耐磨涂料的性能显然取决于基料、耐磨填料、填料与基料的用量比、填料的配用及填料与基料的结合性能。耐磨涂料的品种很多,应依据具体环境选用耐磨涂料。Hao-jiedong 等研究了用纳米氧化锌和聚氨酯制备的耐磨涂料的耐磨性能,用红外光谱分析摩擦过程中粒子的结构变化,用光学显微镜和扫描电子显微镜分析摩擦机理,通过摩擦系数分析粒子对涂料摩擦学性能的影响,是研究耐磨涂料的典型方法。

§5.7 导电功能涂料

导电涂料是涂覆于非导电底材上,使其具有传导电流能力的一类涂料,能起到电磁屏蔽和抗静电的作用。按组成及导电机理可分为结构型(本征型)导电涂料和复合型(添加型)导电涂料两类。结构型导电涂料是以导电高聚物(具有共轭 π 键长链结构的高分子)为基本成膜物质,以高聚物自身的导电功能使涂层导电。导电高聚物是指自身结构或经过"掺杂"少量"杂质"之后具有一定导电功能的高聚物。复合型导电涂料是通过一定的工序,将导电的无机粒子或有机抗静电剂加入非导电树脂中,制得的抗静电或导电涂料。目前实际应用较多的是复合型导电涂料。对于掺入导电粒子的复合型导电涂料,以银、铜、镍为填料的金属系导电涂料,具有导电性高、屏蔽效能好的优点,但也存在填充量大、沉积严重、抗氧化性差等缺点。而炭系导电涂料具有导电性好、性能稳定、原料来源广泛、价格低廉的优点,研究人员对炭系导电涂料进行了大量的研究。M. N. Masri 等用炭黑作导电材料,以环氧树脂为基料制备了一种导电涂料。当炭黑的质量分数≥20%时才具有导电性能,其导电性与炭黑在涂层中的分布状况有关。孙静等自制了一种碳纳米管,探讨了碳纳米管填料在环氧涂料中的导电特性,对比了不同导电功能涂料的防腐性能,认为碳纳米管导电涂料在重防腐工业领域有广阔的应用前景。对于这类填充型导电涂料,其填料含量往往也较大。Guoliangan 等研究了石墨/环氧体系导电耐磨涂料,石墨的含量在 40% 以上时,才能达到体系的渗滤阈值,从而具有导电性能[1]。

石墨烯在导电涂料中的应用。导电涂料是近年来迅速发展起来的一种特种功能涂料,按导电机理不同可分为本征型和填充型两种类型。本征型导电涂料是聚合物本身或经过掺杂而有导电能力,如聚苯胺类涂料;填充型导电涂料聚合物本身不导电,主要靠填充的导电物质而导电。常用填充型导电物质包括金属粉末和碳系材料,金属粉末具有较好的导电性能,但密度大,在涂料中易沉降及氧化,从而失去导电性能;碳系材料密度小,结构稳定,是 2016 年以来使用较多的导电填料。研究发现石墨烯是一种优异的电了、空穴传递导电材料,石墨烯电阻率极低,结构中存在共轭体系,因而具有较强的电子传输能力,室温下的载流子迁移率可达到

$2 \times 10^4 cm^2/(Vs)$，电流密度可达 $0.2 \times 10^9 A/cm^2$，热传导率可达5300W/(mK)，与碳纳米管相比具有更好的导电性及化学稳定性[60,61]。从石墨烯的特殊结构来看，是一种理想的导电填料，人们对于石墨烯用于导电涂料的研究具有很大的热情。Pham[62]等采用氧化石墨烯和水合肼制成一种混合分散液，然后喷涂到预热的底材上，得到了一种导电石墨烯涂层，在制备涂膜的同时氧化石墨烯被还原，形成了致密的石墨烯导电层，测得其表面电阻为 $2.2 \times 10^3 \Omega$，在波长550nm下透光率高达84%。

方岱宁[63]等发明了一种高性能水性石墨烯导电涂料及其制备方法。使用氧化剂将天然石墨氧化后，采用还原法得到有机分子修饰的石墨烯水溶液，然后加入聚酯、分散剂和其他助剂制备了水性导电石墨烯涂料。该导电涂料密度小、具有较好的导电性能与力学性能，其体积电阻率可以达到 $4.410^{-3} \Omega cm$。章勇[64]用十六胺对石墨烯进行表面改性，采用溶液共混法加入环氧树脂中，发现改性后石墨烯与树脂有很好的相容性。添加石墨烯后涂层的表面电阻降低，当添加量为0.5%时，涂层的表面电阻为109Ω，可用于静电涂料。Nekahia[65]等将氧化石墨烯悬浮液涂于聚对苯二甲酸乙二醇酯(PET)塑料基材上，然后用氢碘酸将其还原后，制得的导电薄膜透明度达到70%，方块电阻为200sq，薄膜杨氏模量和维氏硬度分别达到4.6GPa和442MPa。导电薄膜具有良好的抗弯曲疲劳强度，有望取代应用于电子领域的锡铟氧化物导电薄膜。赖奇[66]等利用不同插层剂对石墨烯进行改性，加入丙烯酸树脂中，制备成涂层。结果表明，该方法减少了石墨烯团聚，提高了其在树脂中的分散稳定性；石墨烯的加入降低了涂层电阻率，导电性能得到提高。与传统导电介质(如银粉、铜粉、氧化锌等)相比，石墨烯除了具有良好的导电性能外，还具备优异的导热性能和透光性。

黄坤[67]等研究了石墨烯对环氧树脂、环氧改性有机硅树脂、乙烯基树脂制备的三种涂料的热电性能影响。结果发现,在相同加载电压下,乙烯基树脂复合涂层发热严重,环氧树脂复合涂层附着力最好,但是电阻最大,而环氧改性有机硅复合涂层的综合性能最好。其中在石墨烯含量为3%、加载电压为20V下环氧改性有机硅复合涂层通电2min,涂层维持温度为61℃,涂层功率为12.5W/dm²,制得的涂料能满足安全、便捷、高效的要求。

§5.8　其他功能涂料

5.8.1　磁性涂料

磁性涂料是制作各种磁带、磁盘、磁鼓、磁泡等磁性记录材料的涂覆材料,由作为颜填料的磁性粉末(磁性介质)、成膜基料、助剂和溶剂组成。其核心组分是磁粉,是决定磁性记录材料质量的主要因素,针状 γ - Fe_2O_3 和含钴 γ - Fe_2O_3 是大量使用的磁粉。成膜基料是磁性涂料的重要组成部分,决定着磁性涂层对底材的附着力和耐磨性,约占涂料总量的30%。溶剂应能保证磁性涂料具有一定的流动性,良好的分散性和稳定性。助剂主要有分散剂、偶联剂、增强剂、润湿剂和防静电剂等。

5.8.2　吸波涂料[34]

纳米材料因其纳米级的特征尺寸具有较强的表面效应和体积效应,能够有效地吸收电磁波,是最近几年隐身涂料的一大亮点。碳系材料如导电炭黑和石墨是一种很好的介电型吸收剂,将其加入聚合物中制备的隐身材料,可提高材料介电常数,使得吸波材料具有良好的阻抗匹配系数,达到较好的吸波效果[68]。研究表明,纳米碳化硅和纳米炭黑制备的复合吸收剂可增大环氧涂层的反射衰减率。5%的炭黑和50%的碳化硅制备的环氧涂层厚度为 2mm 时,反射衰减率在 7.5G ~ 13.5GHz 的宽频范围内均小于 - 10dB[69]。

石墨烯具有较高的介电常数,目前石墨烯一般采用化学氧化还原法制得,结构上往往存在缺陷及残留的氧化基团,这些能够提高石墨烯的阻抗匹配性,还能产生费米能级、缺陷极化弛豫和官能团电子偶极极化弛豫[70],从而使石墨烯成为一种有效的电磁吸收剂。但是,石墨烯仅具有电磁损耗特性,吸波机制单一,最大吸收峰在 7GHz 处,反射衰减率为 - 6.9dB,因此单独使用石墨烯对电磁波总体衰减效果较小,目前一般将石墨烯与不同吸波机制的材料复合制备新型的吸波材料,如石墨烯/铁氧体、石墨烯/金属微粉和石墨烯/导电聚合物等。

Ren[71]等通过水热法制备了石墨烯与纳米氧化铁复合吸波材料,发现纳米氧化铁整齐排列在石墨烯表面,复合材料的厚度为 2mm 时,其反射衰减率可达 - 15.2dB;当厚度为 4.92mm 时,其反射衰减率可达 - 64.1dB,具有非常优异的吸波性能。Liu[72]等提高水热法和原位聚合法制备了一种石墨烯/$CoFe_2O_4$/PANI 复合吸波材料。发现纳米 $CoFe_2O_4$ 颗粒在石墨烯表面均匀生长并有明显的聚集倾向,而将其加入 PANI 中进行原位聚合后,纳米 $CoFe_2O_4$ 颗粒的聚集程度明显减弱。制备的涂层厚度为 1.6mm 时,在 14.9GHz 下衰减峰值 - 47.7dB;反射衰减 < - 10dB 时的频带宽度可达 5.7GHz。Liu[73]等利用原位聚合法合成了氧化石墨烯/PANI 复合涂层。发现 PANI 均匀地包覆在氧化石墨烯表面,材料的吸波性能显著增强。涂层厚度为 2mm 时,在 13.8GHz 衰减峰值为 - 41.4dB;反射衰减 < - 10dB 时的频带宽度可达 4.2GHz(11.7G ~ 15.9GHz)。随

着厚度增大至 2.5mm 时,有效带宽向低频移动(9.0G ~ 12.5GHz)。

5.8.3 发光涂料

发光涂料是指用发光材料制成的能发出荧光和磷光的涂料,由发光颜料和清漆制备而成。发光涂料主要是指蓄光型发光涂料,所用的发光材料主要是第 3 代自发光材料,即稀土高效蓄光型自发光材料,它作为添加剂加入而制得发光涂料。黄韦星等采用燃烧法制备了常余辉稀土发光材料,以有机硅 – 硅溶胶改性丙烯酸树脂为基料,制得一种新型常余辉发光涂料,其余辉时间达 12h 以上。

5.8.4 耐指纹涂料[74]

近年来随着消费者对金属制品外观美感要求的逐渐提升,耐指纹性成为很多制造商追逐的焦点,耐指纹涂料在这种情况下应运而生。这种特殊功能的涂料一般覆涂在卷钢类金属钢板(如镀锌板)上,并广泛应用于家电、电子、建筑行业。传统型的耐指纹处理方法是向有机涂层板中添加铬酸盐,使镀锌钢板表面形成可以隔绝外界的水分和空气的致密氧化膜,在形成氧化膜的基础上覆涂一层有机树脂膜,使电镀锌板具有良好的耐指纹性及耐腐蚀性[75]。然而,随着环境友好化学与绿色化工发展理念的提出,六价铬化合物的剧毒性和强致癌性不符合这一发展要求,在生产要求不断提高的今天,我国耐指纹涂料技术仍比较落后,所生产出的耐指纹材料难以满足家电制造等企业对于材料的耐指纹性、耐蚀性及环保方面的要求,目前国内的耐指纹涂料大多依赖于进口,为改变这一现状,我国学者对耐指纹涂料做出了积极尝试。孙稽[76]研制开发了一种不含六价铬的环保型耐指纹涂料,这种新型涂料以水性丙烯酸、复合水性有机硅、水性聚氨酯为主要组分,并与非重金属无机盐复合。通过实验对比研究,当水性丙烯酸∶复合水性有机硅∶水性聚氨酯 = 3∶6∶1,膜重为1.2g/m²,烘干温度为120℃时,该新型耐指纹涂料处理镀锌板的综合性能最佳。将该环保型耐指纹涂料的性能与日本 SONY 公司研制的耐指纹涂料相比较,结果证明,环保型耐指纹涂料的耐蚀性、耐指纹性、导电性、耐黑边性等性能都与 SONY 公司的耐指纹涂料相当,且耐汗性与耐碱性得到明显提高,表现出很高的应用价值。

邹忠利[77]研制了一种钒酸盐复合耐指纹涂料,采用钒酸盐复合有机树脂构成耐指纹涂层体系,通过实验分析,最终确定复合涂料的成膜剂、氧化剂、阻隔剂、界面改性剂、酸度调节剂分别为水性丙烯酸、钒酸盐和 L－抗坏血酸,纳米 SiO_2、硅烷偶联剂 KH56 和磷酸。通过对复合有机树脂涂层的性能考察,实验结果表明,自制的钒酸盐复合有机树脂涂料漆膜外观良好,且耐蚀性优于同类商品,是值得推广的新型无铬耐指纹涂料。

目前,虽然我国已经有学者尝试自行研制环保型的耐指纹涂料,但是,仍主要停留在实验探究阶段,无法改变我国耐指纹涂料大部分依赖进口的现状,如何将耐指纹涂料从实验阶段过渡到工业生产阶段是当前亟待解决的问题。

5.8.5　红外辐射节能涂料[74]

红外辐射涂料是一种耐高温、强辐射率、耐蚀性和高耐磨性的特殊性节能涂料,这种涂料常应用在窑炉内壁上,通过涂料红外辐射能力,改善炉内温度的均衡性,使燃料燃烧更充分。红外辐射涂料能增加基体表面黑度,增强基体表面吸收热源热量后的辐射传热,并能将热源发出的间断式波谱转变成连续波谱,从而促进被加热物体吸收热量,达到增加热效

率、减少能耗、节约能源的效果[78]。甄强等[79]自制了一种新型红外辐射
节能涂料,其中主体成分为 SiO_2、Fe_2O_3、Cr_2O_3、MnO_2 构成的 SiO_2 -
Fe_2O_3 - Cr_2O_3 - MnO_2 体系。理化性质分析与微观结构表征实验结果证
明,该涂料的全波段红外辐射率很高,主要成膜物质的粒径大约为 $2\mu m$
时,涂料拥有的最高全波段红外辐射率为 0.93。当涂料的最高使用温
度 $>1400℃$ 时,抗热震性能最好。他们也对涂料的实际应用效果进行了
检测,结果表明,当该涂料应用于燃气梭式干燥窑时,能耗降低大约
15%,并在覆涂一年后仍具有优良的耐候性和较高的辐射率。赵立英[80]
等以硅酸盐和红外陶瓷粉料(过渡金属氧化物形成的尖晶石结构)为主
要成分自行研制了一种红外辐射节能涂料。表征分析与红外测试结果表
明,该涂料涂膜的红外辐射性能优异,全波段辐射率 >0.90。实验将这种
红外辐射节能涂料应用在一种耐火材料表面,当实验条件在 $600℃$ 左右
时,耐火材料的蓄热量升高 5%,改变实验温度为 $1200℃$ 时,蓄热量升高
21%。将该节能涂料应用在不锈钢容器上,实验测得覆涂该节能涂料后
此容器的能量耗损大约可降低 28%,且换热效果明显增强。

另外,也有学者对覆涂节能涂料后的加热炉的热效率进行对比研究,
如王佑锋[81]在热炉吸热管表面喷涂 FHc - ABⅢ新型红外节能涂料,实验
结果表明,加热炉热效率提高 4%,节能效果良好。慕希豹等[82]在加热炉
上应用 LH - W - 3 耐高温红外辐射涂料后,热效率提高超过 1.0%。

5.8.6　防雾涂料[74]

防雾涂料是一种可以阻止雾气产生的特殊功能性涂料。在建筑装饰
和器具防护等方面应用广泛。防雾涂料的防雾原理常分为(超)亲水和
(超)疏水两种。前者利用亲水材料的高表面能氢键或离子键,使水滴薄

膜化,达到防雾效果。后者利用疏水材料里含有的大量低表面能原子基团(如硅、氟等),降低材料的表面能,疏水材料对水的接触角较大,使水滴滑落,从而达到防雾效果[83]。

李焕[84]等研制了一种具有高效防雾功能的涂料。这种涂料以亲水性单体 D 和丙烯酸酯类单体为主要成分,合成的丙烯酸酯防雾树脂再与氨基树脂进行固化而成。在进行防雾树脂成分分析实验时发现,当单体 D 的用量达到9%时,羟基含量在2% ~2.5%时,树脂的综合性能、黏度、防雾性均达到国外先进水平,且具有很好的耐水性和耐老化性,可以替代进口产品使用。引发剂 BPO 的加入在一定程度上也对该防雾涂料性能的优化起促进作用,BPO 的用量在 0.6% 左右时,优化作用最为明显。为了解决透明光学材料的雾化与结露问题,方峰[85]研制开发了一种以光敏性亲水丙烯酸树脂为主体,以亲水性单体、含氟低聚物等为辅助成分的紫外光固化防雾涂料。在探究涂料成分配比的过程中发现,丙烯酸在亲水单体中亲水性、防雾性最好,但是,当亲水单体的含量超过 60% 时,涂料耐水性能变差。涂料中少量掺杂活性含氟低聚物(<0.05%)也具有防雾、改善油与涂膜的接触角的性能。但当含氟低聚物的掺杂比例 >2% 后,涂料丧失了防雾的功能。刘宣国[86]等也制备了一种新型亲水聚丙烯酸醋树脂防雾涂料。性能测试结果表明,该涂料的防雾性能、透明性能、抗擦伤性能良好。

5.8.7　可剥离涂料[74]

可剥离涂料是一种方便涂覆、容易成片剥离的临时性建筑防护涂料。近年来,可剥离涂料广泛用于装修施工过程中对完工建筑项目的临时保护,以及对较精密的金属工件、器件等的保护。这就要求涂料的涂膜应具有一定耐腐蚀性和可剥离性。可剥离涂料的作用机理是在基材表面形成连续封闭的膜,以防止物理损伤和化学腐蚀,涂膜中的黏性物质、化学键合力、表面吸附力均可作用在污染物上,使污染物被黏附,最终被涂膜带走[87]。张兴虎[88]等自制了一种聚氨酯可剥离涂料。该涂料的成膜物质为 PUD8625、BayhydrolPR240(聚氨酯分散体的混合溶液),填料为 R960。实验结果表明,当光稳定剂的加入量为 0.5% 时,涂料涂膜具有较好的耐老化性,此时的抗变色性能和防污性能也较好。R960 填料的加入,明显增强了涂膜的拉伸强度,但却在一定程度上降低了断裂伸长率。为了得到最佳的可剥离性,实验确定填料的加入量应为 8% ,此时涂膜的平均拉伸强度为 7.61MPa,平均断裂伸长率达到123.53% ,具有良好的可剥离性及去污效果。

刘宏宇[89]等以聚氨酯乳液为基体,以纳米碳酸钙为填料,制备出一种新型水性可剥离防护涂料。性能测试表明,为得到较好的可剥离性能,纳米碳酸钙的加入量应为 2% ,涂膜厚度应为 0.13 ~ 0.14mm,此时测定涂层平均拉伸强度为 9.51MPa,平均断裂伸长率为274.54% ,将涂料覆涂放置 7d 后,实验结果基本不发生变化,因此,该可剥离涂料可用作设备的封存防护。武德涛[90]等研制开发了一种以水性氟碳和水性丙烯酸乳液为主要成膜物质的可剥离涂料,性能测试结果表明,该涂料的韧性和强度均较好,涂膜的断裂伸长率 > 100% ,伸长强度 >6MPa,由于涂层成膜物质中氟碳树脂的耐老化性能,在人工加速老化下,成膜物质也不会受到破坏,从而保持了可剥离涂料的剥离性能。周诗彪等[91]研制开发了一种热熔型可剥离涂料,该涂料的主要成膜物质为三嵌段共聚物(苯乙烯 - 异戊二烯 - 苯乙烯)及一些辅助性能的基料。实验对可剥离涂料的影响因素进行了探究,其中包括超细 SiO_2、活性 $CaCO_3$ 以及流平剂三者的用量,探讨了超细二氧化硅、活性炭酸钙、流平剂用量对可剥离涂料性能的影响。实验结果表明:最佳的超细二氧化硅掺杂比例为 13.0%、活性炭酸钙掺杂比例为 10.0%、流平剂的掺杂比例为 1.0%,在这种掺杂条件下对涂膜的性能进行测试,实验结果证明,此时涂膜的耐腐蚀性和耐候性均较好,涂膜的抗张强度为 7.5MPa,断裂伸长率为 410%,剥离强度为 13kN·m^{-1},涂膜邵氏硬度为 21。刘伟振等[92]以热塑性过氯乙烯树脂和酚醛树脂为主成膜物质,增韧剂、缓蚀剂、抗氧化剂等为功能助剂,制备了一种溶剂型可剥涂料。以耐盐雾性能、可剥性能和拉伸性能为指标,通过均匀实验和正交实验优化过氯乙烯树脂、酚醛树脂、邻苯二甲酸二丁酯、羊毛脂和石油磺酸钡的用量,获得的最优配方(以相对于溶剂的质量分数表示)为:过氯乙烯树脂 26.0%,酚醛树脂 22.0%,邻苯二甲酸二丁酯 7.0%,羊毛脂 5.0%,石油磺酸钡 1.6%。由此制备的膜层抗拉强度高达 8.6MPa,180°剥离强度 13.9N/cm,耐盐雾腐蚀时间大于 72h。

§5.9　特种功能性涂料[93]

特种功能性涂料是指与传统涂料有本质区别的新型涂料,特种功能性涂料赋予物体以各种特异功能,以满足被涂覆产品设计上需要的各种特殊用途。正是一些在特殊环境里应用的产品特种方面的需要,促进了特种功能性涂料的研制和开发,成为涂料工业中不可缺少的重要品种。特种功能性涂料种类繁多,用途广泛,正在形成一个规模宏大的高技术产业群,有着十分广阔的市场前景和极为重要的战略意义。世界各国均十分重视特种功能性涂料的研发与应用。多年来,中昊北方涂料工业研究设计院有限公司(以下简称"中昊北方院")发挥科技优势,积极推进行业技术进步,出色完成了数百项国家重点项目、省部级重点项目和自主研发的创新项目,在宇宙空间专用涂料,航空、航天专用涂料,核设施专用涂料,电力专用涂料,交通运输设备专用涂料等特种功能性涂料研究与开发方面取得了显著的经济效益和社会效益,为我国涂料事业的发展做出了卓越的贡献。

5.9.1 国旗涂料

航天探测器器表用国旗表面涂覆材料及涂覆工艺,主要用于"嫦娥三号"探月工程月球巡视车和嫦娥三号探测器,该涂料在后续的火星巡视探测器及空间站上亦可得到应用。制备国旗,其主要难点在于:①在月面高真空环境下,宇宙射线辐照没有大气阻隔,远较地球环境强烈,因而对涂层容易造成破坏,特别是鲜艳的色彩容易褪色。②月面冷热交替的环境,低温接近零下200℃,高温可达150℃左右,在这样反复交变的环境下,对涂层造成严峻考验。③涂层在高真空高温环境下不能产生挥发物质,影响探测器和月球车的正常工作。④月球探测器及月球巡视车表面用国旗基材为特殊材料,在特殊材料表面涂装高质量的涂层具有较高难度,光滑的表面涂层附着力一般较差,同时在光滑表面涂装容易产生各种漆病。中昊北方院选择高性能树脂基料及相应的特种颜填料制备成高性能的涂料,控制严格的施工工艺条件,采用特殊的施工方法,制备出国旗正样,满足在太空中的使用要求。

5.9.2 新型飞机油箱用保护涂料

飞机结构整体油箱是通过将结构(机身、机翼等)密封,使之形成密封的腔体,用以装载飞机燃油,飞机的整体油箱为承力结构件,油箱的腐蚀即是承力结构件的腐蚀,对于飞机整体油箱而言,其腐蚀环境十分复杂,涉及油气混合气体、燃油、油箱积水(盐水)等诸多腐蚀介质。为防止飞机整体油箱铝合金材料的腐蚀,采用的方法是对铝合金进行化学氧化或阳极化处理,再涂刷油箱防护涂料。性能优良的飞机整体油箱防护涂料应具有以下特点:①对燃油和腐蚀介质具有良好的抗耐性;②耐高低温性能满足要求;③对铝合金基底具有良好的结合力,并可减缓其腐蚀进程;④与密封材料体系具有良好的粘附性。

参照 GJB 1390—1992《飞机整体油箱用防腐涂料》以及相关规范要求,中昊北方院在合成技术路线上做了较大调整,产品满足了需要,主要提高了产品对飞机燃油系统中的冰抑制剂和高蚀性的含磷酸酯抗燃液压油的耐性,优于国内同类产品,居国内领先水平。该涂料目前已经批量供货于中航西安飞机国际航空制造股份有限公司和中国航空工业集团公司北京航空制造工程研究所等单位。

5.9.3 低折射率光固化光纤涂料

低折射率光固化光纤涂料为 UV 固化单组分系列产品,主要用于能量光纤的涂覆,可应用于核爆模拟、大功率激光柔性传输、激光焊接切割、大气光谱测量、红外测温等,还可用于电子、航空、核电等领域,如紫外光固化电连接器的连接固定、导弹光纤制导用光纤陀螺的绕线临时保护、发动机部件粘结密封用耐温耐烧蚀封装胶等。产品用在光纤上具有优异的光传输性能,同时具备耐水、良好的耐介质性能、优异的耐高低温性能(-65~200℃)、出色的防潮和抗微弯性能。

5.9.4 化铣保护涂料

化铣保护涂料又称可剥性涂料,是化铣过程中的一种临时性保护涂层,在加工过程中起到暂时的保护作用,化铣工序完成后再去除该保护层。化铣保护涂料在化铣工艺过程中,尽管起着暂时保护作用,但是对化铣工艺过程的完成是至关重要的。中昊北方院选择新型高分子嵌段共聚物为基体材料,同时选择合适的其他成分,并适当地调整配比以平衡可剥性和附着力之间的关系,控制化学铣切的浸蚀比,而制成一种化学铣切保护涂料。主要用于铝合金的化学铣切,也适用于钛合金的化学铣切、高硬度金属的加工、铝合金的阳极化、电镀以及工艺复杂的美术品的镂蚀加工临时性保护等,还可用于被涂物面的防化学腐蚀掩蔽保护,或用在仪器表面、机械设备上,以防止划破擦伤的临时保护。

参考文献

[1]郑志云,魏铭,黄畴,等.功能涂料及其进展[J].涂料工业,2012,50(7):41-45.

[2]傅敏,狄志刚,朱晓丰,等.无铬环保磷酸盐基高温防腐涂料[J].涂料工业,2010,40(12):54-57.

[3]刘泗东.地聚物基无机功能涂料的制备与性能研究[D].广西:广西大学,2012:17-20.

[4]徐峰.建筑涂料与涂装技术[M].北京:化学工业出版社,1998.

[5]张新生,王宝根.真石漆的研制开发[J].新型建筑材料,1999,(11):21-24.

[6]陈伟.建筑涂料-真石漆的研究进展[J].上海涂料,2002,40(3):21-22.

[7]朱文利.涂抹真石漆的研制[J].涂料工业,2005,35(11):17-19.

[8]魏勇,李瑞玲.仿花岗岩真石漆的制备及施工[J].中国涂料,

2009,24(8):59-61.

[9]陈忠平.轻质仿石材料及制作方法:CN,1887782[P].2007-01-03.

[10]谭大江,姚成建,郜亚波.一种仿石材的喷涂涂料:CN,1978559[P].2007-06-13.

[11]刘一军,潘利敏,周锡荣.一种仿砂岩陶瓷砖的生产方法:CN,1978559[P].2007-06-13.

[12]王彩华,高海.一种新型仿石漆及其制备方法:CN,102070310A[P].2011-05-25.

[13]崔玉民,王彩华,李慧泉,等.轻质隔热吸音仿石漆研制、性能及施工[J].应用化工,2014,43(2):379-382.

[14]崔玉民,王彩华,陶栋梁,等.轻质隔热吸音仿石漆制备工艺研究[J].涂料工业,2014,44(8):42-45.

[15]张心亚,王利宁,谢德龙.建筑涂料最新研究进展[J].涂料工业,2013,43(2):74-79.

[16]林宣益.建筑涂料行业现状及发展趋势.高装饰功能性建筑涂料及地坪涂料研讨会论文集[C].常州:全国涂料工业信息中心,2012:1-13.

[17]Guo W,Qiao X,Huang Y,et al. Study on energy saving effect of heat-reflective insulation coating on envelopes in the hot summer and cold winter zone[J]. Energy and Buildings,2012,50(7):1536-1546.

[18]Zhao S,Qiu L Y,Tian J. Preparation of brunet reflective exterior insulation coating[J]. Advanced Materials Research,2011,311:2255-2261.

[19]殷武,孔志元,蔡青青,等.新型薄层保温隔热涂料的研制[J].涂料工业,2010,40(2):27-29.

[20]李建涛,蔡会武. 高红外发射率辐射型外墙节能涂料的研制[J].涂料工业,2012,42(2):39-43.

[21]陈中华,姜疆,张贵军,等. 复合型建筑隔热涂料的研制[J].太阳能学报,2008,(3):257-262.

[22]Wang F,Liang J S,Tang Q G,et al. Preparation and properties of thermal insulation latex paint for exterior wall based on defibred sepiolite and hollow glass microspheres [J]. Advanced Materials Research, 2009, 58: 103-108.

[23]Cao Q. Styrene-acrylic emulsion-vinegar emulsion-based thermal insulation paint is prepared by stirring styrene-acrylic emulsion,vinegar emulsion, water glass, mica powder, polypropylene short fiber, triethanolamine, phenol, alcohol and kaolin:CN,102382521-A[P].2010-03-21.

[24]许火年. 热新概念机能性消热涂料-交换涂料. 高装饰功能性建筑涂料及地坪涂料研讨会论文集[C].常州:全国涂料工业信息中心,2012,98-101.

[25]周月姣,杨建军,吴庆云,等. 水性涂料耐沾污性的研究及应用进展. 高装饰功能性建筑涂料及地坪涂料研讨会论文集[C].常州:全国涂料工业信息中心,2012,38-41.

[26]何庆迪,蔡青青,史立平,等. 自清洁涂料的技术发展. 高装饰功能性建筑涂料及地坪涂料研讨会论文集[C].常州:全国涂料工业信息中心,2012,161-165.

[27]SU C. Facile fabrication of a lotus-effect composite coating via wrapping silica with polyurethane[J]. Applied Surface Science,2010,256 (7):2122-2127.

[28]Artus G,Seeger S. Scale-up of a reaction chamber for superhydro-

phobic coatings based on silicone nanofilaments[J]. Industrial & Engineering Chemistry Research,2012,51(6):2631 - 2636.

[29]Miao H,Cheng L,Shi W. Fluorinated hyperbranched polyester acrylate used as an additive for UV curing coatings[J]. Progress in Organic Coatings,2009,65(1):71 -76.

[30]Luo Z,Cai H,Ren X,et al. Hydrophilicity of titanium oxide coatings with the addition of silica[J]. Materials Science and Engineering,2007,138(2):151 - 156.

[31]Quagliarini E,Bondioli F,Goffredo G B,et al. Self - cleaning materials on architectural heritage:compatibility of photoinduced hydrophilicity of TiO$_2$ coatings on stone surfaces[J]. Journal of Cultural Heritage,2012,(1):1 -7.

[32]Quagliarini E,Bondioli F,Goffredo G B,et al. Self - cleaning and de - polluting stone surfaces:TiO$_2$ nanoparticles for limestone[J]. Construction and Building Materials. 2012,37:51 -57.

[33]赵明敏. 耐沾污外墙乳胶漆的开发[J].涂料工业,2007,37(7):67 -69.

[34]王晓,王华进,李志士,等. 石墨烯在涂料中的应用进展[J].中国涂料,2017,32(2):1 -5.

[35]胥震,欧阳清,易定和. 海洋污损生物防除方法概述及发展趋势[J]. 腐蚀科学与防护技术,2012,24(3):192 -198.

[36]赵金榜. 无锡防污涂料的现状及发展(Ⅰ)[J]. 现代涂料与涂装,2005,8(2):35 -38.

[37]Schiff K,Diehl D,Valkirs A. Copper Emissions from Anti Fouling Paint on Recreational Vessels[J]. Marine Pollution Bulleti,2004,48(3/4):

371 – 377.

[38]边蕴静. 船舶防污涂料最新进展[J]. 中国涂料,2 0 1 5,30 (8):9 – 12.

[39]Kobayashi M,Terayama Y. ,Ya M Aguchi H. Wett ability and Anitifouli ng Behavior on the Surfaces of Superhydrophilic Polymer Brushes[J]. Langmuir,2012,28(18):7 212 – 7 222.

[40]张昭,陈宇,刘姣,等. 一种有机硅改性丙烯酸防污涂料的研究 [J]. 装备环境工程,2016,1(4):1 – 7.

[41]秦瑞瑞,胡生祥,宫祥怡. 有机硅低表面能海洋防污涂料研究 进展[J]. 有机硅材料 2015,29(1):74 – 77.

[42]陈美玲,丁凡,许丽敏,等. 纳米 SiO_2/氟硅改性丙烯酸树脂低 表面能防污涂料[J]. 涂料工业,2010,40(5):11 – 15.

[43]黄方方,成西涛,张存社,等. 超疏水氟硅防污涂料的制备及性 能研究[J]. 上海涂料,2014,52(9):12 – 15.

[44]Hu Weiming,Yin Jun,Deng Baolin,et al. Application of Nano TiO_2 Modified Hollow Fiber Membranes in Algal Membrane Bioreactors for Highdensity Algae Cultivation and Wastewater Polishing[J]. Bioresource Technology,2015,193:135 – 141.

[45]Li Youji,Li xiaodong,Li junwen,et al. Photocatalytic Degradationof Methyl Orange by TiO_2 – coated Activated Carbon and Kinetic Study[J]. Water Research,2006,40(6):1119 – 1126.

[46]岳鑫. 新型纳米复合海洋防腐防污涂料的制备及性能研究 [D]. 天津:天津大学,2013.

[47]于欢. 石墨烯/TiO_2复合材料改性水性聚氨酯防污涂层研究 [D]. 大连:大连海事大学,2013

[48] Wang G, Yang J. Influences of glass flakes on fire protection and water resistance of waterborne intumescent fire resistive coating for steel structure[J]. Progress in Organic Coatings,2011,70(2):150 - 156.

[49] 刘成楼. 超薄型钢结构防火防腐蚀涂料的研制[J]. 新型建筑材料,2009(2):81 - 85.

[50] Chen Shanshan, Brown Lola, Levendorf Mark, et al. Oxidation Resistance of Graphene - coated Cu and Cu/Ni Alloy[J]. ACS Nano,2011,5 (2):1321 - 1327.

[51] Kirkland N T, Schiller T, Medhekar N, et al. Exploring Graphene as a Corrosion Protection Barrier[J]. Corrosion Science,2012,56(3):1 - 4.

[52] Prasai D, Tuberquia J C, Harl R R, et al. Graphene: Corrosion - Inhibiting Coating[J]. ACS Nano,2012,6(2):1102 - 1108.

[53] Chang C H, Huang T C, Peng C W, et al. Novel Anticorrosion Coatings Prepared from Polyaniline/graphene Composites[J]. Carbon,2012,50 (14):5044 - 5051.

[54] Chang K C, Hsu M H, Lu H I, et al. Room - temperature Cured Hydropho bic Epoxy/graphene Composites as Corrosion Inhibitor for Cold - rolled Steel[J]. Carbon,2014,66(2):144 - 153.

[55] Chang K C, Ji W F, Lai M C, et al. Synergistic Effects of Hydrophobicity and Gas Barrier Properties on the Anticorrosion Property of PMMA Nanocomposite Coatings Embedded with Graphene Nanosheets[J]. Polymer Chemistry,2014,5(3):1049 - 1056.

[56] 王耀文. 聚苯胺与石墨烯在防腐涂料中的应用[D]. 哈尔滨: 哈尔滨工程大学,2012.

[57] Li yaya, Yang zhenzhen, Qiu hanxun, et al. Self - aigned Graphene

as Anticorrosive Barrier in Waterborne Polyurethane Composite Coatings [J]. Journal of Materials Chemistry A,2014,34(2):14139 – 14145.

[58]刘琼馨,屈晓兰,许红涛,等. 一种富锌环氧防腐涂料及其制备方法:中国,103173095A[P]. 2013.

[59]田振宇,李志刚,瞿研. 锌烯重防腐涂料的发展现状与应用前景[J]. 涂料技术与文摘,2015,36(9):30 – 34.

[60]Wei Tong,Luo Guilian,Fan Zhuangjun,et al. Preparation of Grapheme Nanosheet/polymer composites Using in Situ Reduction – extractive Dispersion[J]. Carbon,2009,47(9):2296 – 2299.

[61]Liang Jiajie,Huang Yi,Zhang Long,et al. Molecular – level Dispersion of Graphene into Poly(vinyl alcohol) and Effective Reinforcement of their Nanocomposites [J] . Advanced Functional Materials, 2010, 19 (14): 2297 – 2302.

[62]Pham V H,Cuong T V,Hur S H,et al. Fast and Simple Fabrication of a Large Transparent Chemically – converted Graphene Film by Spray – coating[J]. Carbon,2010,48(7):1945 – 1951.

[63]方岱宁,孙友谊,张用吉,等. 高性能水性石墨烯导电涂料及其制备方法:中国,103131232A[P]. 2013.

[64]章勇. 石墨烯的制备与改性及在抗静电涂层中的应用[D]. 上海:华东理工大学硕士学位论文,2012:35 – 49.

[65] Nekahia, Marashiph, Haghshenasd. Transparent Conductive thin Film of Ultra Large Reduced Grapheme Oxide Monolayer[J]. Applied Surface Science,2014,295(4):59 – 65.

[66]赖奇,罗学萍. 石墨烯导电涂膜的制备[J]. 非金属矿,2014,37(3):28 – 29.

[67]黄坤,曾宪光,任文才,等. 低压高效石墨烯复合涂料的电热性能研究[J]. 涂料工业,2016,24(4):13－17.

[68]宁亮,王贤明,韩建军,等. 碳材料在导电涂料和隐身涂料领域的研究进展[J]. 中国涂料,2016,31(6):40－45.

[69]吴有朋,刘祥萱,张泽洋. 掺杂碳化硅对纳米炭黑导电和吸波性能的影响[J]. 表面技术,2010,39(5):58－60.

[70]Wang Chao,Han Xijiang,Xu Ping,et al. The Electromagnetic Property of Chemically Reduced Grapheme Oxide and Its Application as Microwave Absorbing Materials [J]. Applie d Physics Letters,2001,98(7):72906－72909.

[71]Ren Yulan,Zhu Chunling,Qi Lihong,et al. Growth of $\gamma-Fe_2O_3$ Nanosheet Arrays on Grapheme for Electromagnetic Absorption Application [J]. RSC Advance,2014,41(4):21501－21516.

[72]Liu Panbo,Huang Ying,Zhang Xian G. Synthesis,Characterization and Excellent Electromagnetic Wave Absorption Properties of Grapheme/$CoFe_2O_4$/polyaniline Nanocomposite[J]. Synthetic Metals,2015,201:76－81

[73]Liu Panbo,Huang Ying. Decoration of Reduced Graphene Oxide with Polyaniline Film and their Enhanced Microwave Absorption Properties [J]. Journal of Polymer Research,2014,21(5):1－5

[74]邹琳琳,周立霞,商丽艳,等. 新型功能性涂料的研究进展[J]. 当代化工,2014,43(3):365－368.

[75]韩建祥,胡孝勇. 耐指纹涂料的研究进展[J]. 涂料工业,2011,41(10),76－80.

[76]孙稽. 环保型耐指纹涂料的研究[D]. 上海:复旦大学工程硕士学位论文,2013.

[77]邹忠利. 钒酸盐复合耐指纹涂料的研制及性能研究[D]. 哈尔滨:哈尔滨工业大学,2013.

[78]冯胜山,鲁晓勇,许顺红. 高温红外辐射节能涂料的研究现状与发展趋势[J]. 工业加热,2007,36(1):10 - 16.

[79]甄强,马杰,倪亮,等. $SiO_2 - Fe_2O_3 - Cr_2O_3 - MnO_2$ 高温红外辐射节能涂料的制备及应用[J]. 功能材料,2012,17(43):2389 - 2392.

[80]赵立英,廖应峰. 高温红外辐射涂料的研制及其节能效果[J]. 工业加热,2013,42(4):5 - 28.

[81]王佑锋,庄强义,杨志军,等. 浅谈 F 日 C—AB 川节能涂料在加热炉中的应用[J]. 中国石油和化工标准与质量,2013(12):97.

[82]慕希豹,柳建军,魏学斌. LH - W - 3 耐高温反辐射节能涂料在常压加热炉中的应用[J]. 石油化工设备,2010,39(1):51.

[83]孙雪娇,夏正斌,牛林,等. 新型防雾涂料的研究进展[J]. 涂料工业,2012,42(4):76 - 79.

[84]李焕,王木立,朱东. 一种具有高效防雾功能涂料的研制[J]. 上海涂料,2012,50(10):8 - 11.

[85]方峰. 紫外光固化亲水防雾涂料的研究[D]. 湘潭:湘潭大学,2011 - 05.

[86]刘宣国,楼白杨. 新型玻璃防雾涂料的制备与性能[J]. 上海涂料,2005,43(01/02):31 - 33.

[87]卢勇宏,朱子金,张晓鸿,等. 环保化可剥离涂料的研究进展[J]. 广东化工,2012,4(39):15 - 16.

[88]张兴虎,刘宏宇,张松. 聚氨酯可剥离涂料的制备和性能研究[J]. 化工新型材料,2012,40(7):48 - 49.

[89]刘宏宇,张松. 水性可剥离涂料的制备和性能[J]. 中国表面工

程,2012,25(1):89-92.

[90]武德涛,师华. 一种水性含氟可剥离涂料的研制[J]. 特种功能涂料,2012,15(8):23-26.

[91]周诗彪,周诗明,孙晓波,等. 热熔型可剥离涂料[J]. 涂料工业,2009,39(7):38-40.

[92]刘伟振,赫放,杨景伟,等. 过氯乙烯基可剥涂料的制备与性能[J].电镀与涂饰,2016,35(10):511-515.

[93]李清材,李博文,王国志,等. 特种功能性涂料浅谈[J].专论与综述,2014,17(2):24-27.

第 6 章

绿色环保功能涂料发展过程及趋势

§6.1　油漆阶段

油漆,是古代的叫法。涂料,是现代文明称呼,包含更多的科技成分,在现代科技和工业领域应用日益广泛。特别是各具特色的涂料,正给生活带来全新的风貌和光彩。同时,对涂料的"安全、环保、健康"属性也提出了更高的要求。例如,绿色环保涂料不仅要在使用中符合人类健康要求,在生产、废气处理、再利用等环节也应符合环境的"绿色"标准。这表明绿色环保涂料将严格控制 VOC(挥发性有机化合物)的挥发量,拒绝采用有害、有毒溶剂,从而保障产品具有调温、抗菌、防射线、消声等作用。因此,涂料行业逐渐将研发方向转为绿色环保涂料。同时,工业涂料也随之转为粉末涂料、水基涂料等。

§6.2　涂料阶段

　　涂料作为精细化工的重要产品之一,是国民经济各部门必不可少的配套材料,它赋予不同物体的装饰、防护和释放功能。高新技术蓬勃发展的今天,涂料产品在国民经济和人民生活中起到不可替代的作用。据2016—2021 年中国涂料行业市场需求与投资咨询报告统计,2016 年 1—8 月,我国涂料行业总产量达到 167.31 万 t,同比增长 7.2%,主要涂料产量大省均实现了同比增长,其中广东省产量累计为 210.34 万 t,同比增长 7.4%;江苏产量累计为 148.86 万 t,同比增长 3.6%;上海产量累计为 126.98 万 t,同比增长 0.3%;四川产量累计为 91.46 万 t,同比增长 18.4%。从以上数据中得知,中国涂料市场规模整体呈上升趋势。

　　2018 年,环保将强制成为包括涂料在内的中国制造的行业新门槛。供给侧结构改革正在与涂料消费税等政策配合,加速对落后产能的淘汰,加速将环保变成涂料行业的新门槛、中国制造的新门槛。2016 年 3 月 2 日,国家发展和改革委员会与商务部联合发布了《市场准入负面清单草案(试点版)》,今明两年将在天津、上海、福建、广东四省(市)的自贸区进行市场准入的试点,也就是包括石化行业在内的中国制造业将被实行环保准入,对超出环保标准的石化等产品的生产、销售、使用、扩建,进行禁止或限制。禁止生产、销售和使用有毒、有害物质超过国家标准的建筑和装修材料;禁止新建硫酸法钛白粉、铅铬黄、1 万吨/年以下氧化铁系颜料、含异氰脲酸三缩水甘油酯(TGIC)的粉末涂料生产装置;禁止投资含滴滴涕的涂料项目。禁止投资的落后石化项目:①有害物质含量超标准的内墙、溶剂型木器、玩具、汽车、外墙涂料,含双对氯苯基三氯乙烷、三丁基锡、全氟辛酸及其盐类、全氟辛烷磺酸、红丹等有害物质的涂料;②改性淀粉、改性纤维、多彩内墙(树脂以硝化纤维素为主,溶剂以二甲苯为主的O/W型涂料)、氯乙烯－偏氯乙烯共聚乳液外墙、焦油型聚氨酯防水、水性聚氯乙烯焦油防水、聚乙烯醇及其缩醛类内外墙(106、107涂料等)、聚醋酸乙烯乳液类(含乙烯/醋酸乙烯酯共聚物乳液)外墙涂料。以上虽然是试点版内容,不是最终稿,但试点的意图和方向,与两会的供给侧结构改革及环保等方面的政策一脉相承,环保即将强制成为中国制造的行业新门槛的趋势,已经相当明显。

其实,在此之前的两年间,已经显露出了很多政策上的苗头,只是当时环保即将成为涂料行业的最低门槛这一趋势,还不十分明显。环保超标的项目将被禁止或限制的提法,最早出现在2011版的《产业结构调整指导目录》里,历经5年的摸索,不断推进,终于进入试点阶段,即将于2016年大面积铺开。往前可追溯到,环保涂料VOC标准的出台,涂料消费税、排污费的征收,一些试点地区对治污好的企业消费税减半,对治污不好的企业消费税加倍。深圳的免油漆令,一些环保涂料及原料的标准出台。广东省为转型升级的制造行业提供总量为50亿元的技改资金。另外,按日计罚、上不封顶的史上最严环保法,以及水十条、土十条、气十条和雾霾红色预警制度、300家污染企业的限期离京令等相关全国性和地方性环保法律法规出台,是2016年环保准入在中国制造业大面积铺开的前奏。

§6.3 环保涂料阶段

于2015年1月1日正式实施的新环保法,设立诸多机制制度,被公认为"史上最严"的环保法,在多个行业引起了一阵"环保慌"。作为一直被政府乃至国家环保部门所公认的高能耗、高污染的涂料行业,环保问题备受关注,其实不仅是中国,其他国家与地区也都对环保涂料要求越发严格。因此,涂料行业人士一致认为新法将推进油漆行业"油退水进"的进程。2015年1月出台史上最严环保法,2月涂料消费税出台,3月宣布于2016年实行《室内地坪涂料中有害物质限量》标准,5月国内首部儿童涂料标准《儿童水性内墙涂料》出台,6月工业涂料水性化标准正式实施,7月《儿童活动场所内墙涂料》广东标准开始制定,8月《喷涂橡胶沥青防水涂料》颁布并将于2016年1月1日实施,9月新《广告法》开始施行,10月工信部印发2015年第三批涂料等行业标准制定修订计划,11月国家发展和改革委员会表示"双十一"宣传禁用"市场最低价"等标语,12月工信部发文推动石墨烯产业创新重点发展功能涂料,并制定玩具涂料新标准于2016年1月1日正式实施。

据了解,在VOCs排放中,溶剂型涂料排放量约为18%。其中家具制造、汽车制造等行业属于油漆涂料的主要下游行业之一。按照2015年北京市新出台的《关于挥发性有机物排污收费标准的通知》,将根据排污者对挥发性有机物污染控制措施情况,实施差别化的排污收费政策,存在挥发性有机物排放超标等环境违法行为的企业,其付费将是排放浓度达标基础上减半的4倍。这一措施将有利于推进相关企业加快调整转型,减少挥发性有机物排放,改善大气环境质量。

中国是世界上最大的玩具生产国和出口国,生产世界70%以上的玩具,而广东则是中国最大的玩具生产和出口基地,以塑料和电子电动玩具为主,约占全国70%的份额。广东玩具产业以出口为导向,出口到202个国家和地区,出口比例将近80%,广东地区一年的涂料使用量高达10万公升。

　　玩具是供儿童玩耍的器具,涂料中超标的有毒物质可以通过儿童的手、口等直接接触被吸收,当吸收超过一定量时会诱发病变。为此,各国都制定了严格的玩具安全标准,对涂层中有毒重金属元素的限制目前最高达 19 种,对邻苯二甲酸的限制达到 6 种,有的企业自我控制的数量最高达 24 种。欧盟、美国、中国等国家和地区都制定了相应的标准、法规来限制玩具制品的有毒元素的含量。

　　随着涂料各项环保标准的出台,2016 年涂料的质量标准将会逐步提高。从年初的"最严"环保法,到 2 月 1 日起开始征收的 4% 的涂料消费税,再到 10 月 1 日起即将执行的 VOCs 排污费征收,均制约着传统油漆涂料行业的发展。

　　涂料企业应加快调整转型,实施水性漆替代油性漆,持续发展低 VOCs 的环境友好型涂料水漆,减少挥发性有机物排放,推动行业结构转型,引导涂料行业健康可持续发展,改善大气环境质量。随着"环保风暴"力度的不断加大,涂料行业"油改水"已经是势在必行,家具制造、汽车制造行业将逐渐与水性涂料合作,油漆涂料行业后市需求也将慢慢被水性涂料而挤掉,因此后期包括溶剂油系列产品在内的传统油性溶剂类产品需求量也将逐年呈现萎缩状态。

§6.4　油改水阶段

　　目前,鉴于我国日益加剧的环境问题以及产业升级的现象,更为环保的水性涂料将面临前所未有的曙光。随着时代的进步,技术创新也成为不断发展的国内涂料企业一个重要的命题,这也由此诞生出了一批具备相当实力和知名度的民族绿色涂料品牌。以晨阳水漆为例,作为国内全水漆生产企业,一直在环保和维护消费者健康权益上,研发和生产符合环保要求的水漆产品。在"油退水进"的大趋势下,水漆凭借节能环保、不燃不爆、超低排放等特点,必将在涂料行业中凸显优势。在此大趋势下,低碳环保的涂料受到大众的欢迎,环保涂料既美化了家居环境,提升了百姓对生活品质的追求,同时又不损害人们的健康。目前我国工业涂料可分为水性涂料、溶剂型涂料和粉末涂料,其中溶剂型涂料仍占全球工业涂料技术的主导地位。以家具行业为例,在当前的国内涂料市场中,PU漆(聚氨酯涂料)占市场的份额高达78%,而水性漆的使用率只有7%~8%。据了解,水性涂料因自身所具有的环保性,在一些发达国家甚至已经达到了90%。

而我国这一比例则明显偏低,仅占到10%左右,可见水性涂料行业的发展空间是巨大的。水性漆以水作为稀释剂,其组成中70%~90%是对人体及环境无害的水,不含有苯、卤代烃等有毒有机溶剂和甲醛、铅、铬等重金属化合物,是一种安全和无污染的环保型涂料。而传统油漆约50%的含量为有毒、有污染、可燃烧的有机溶剂,这些溶剂在涂料成膜过程中挥发到空气中去,不仅造成资源的极大浪费,而且还影响污染环境和空气。不过,尽管水性漆的呼声日益高涨,取代传统油漆的市场地位还需要几年,主要原因是现阶段水性漆的研发工艺还不够成熟,加上高生产成本和水性漆在物理性能上的局限性,使得推广水性漆具有一定的难度。就目前的形势而言,我国的水性涂料还不能与"低碳"画上等号,据水性涂料还有一定的差距。

新老更替本身就是历史和市场的法则,水漆取代油漆是一场革命,是人类生存需要、科学技术发展的必然,而新型环保装饰材料的迅速崛起代表的是一场技术革命。水漆既节约资源又环保,是一个非常前沿的绿色产品,水漆代替油漆是全世界的共识,涂料水性化符合国际涂料科技发展趋势,将引领绿色涂装新格局。故此,低碳环保是涂料行业的出路,最大限度地用环保型涂料替代溶剂型涂料,使涂料全面环保化,是行业发展的必然趋势。总之,绿色环保涂料具有较强的可持续发展空间,对人类身体、生存环境均无较大的影响。同时,绿色环保涂料的性能较优越,使用范围也较广,不仅有助于改善人们的居住环境,而且还有助于提高涂料企业的整体经济水平。因此,值得广泛推广和应用。